《中国生态系统研究网络（CERN）长期观测质量管理规范》丛书
中国科学院创新方向性项目（KZCX2-YW-433）资助

陆地生态系统生物观测
数据质量保证与质量控制

Quality Assurance and Quality Control of Data for Long-term
Biological Observation in Terrestrial Ecosystems

吴冬秀　韦文珊　宋创业　等　编著

U0350839

中国环境科学出版社·北京

图书在版编目（CIP）数据

陆地生态系统生物观测数据质量保证与质量控制/
吴冬秀，韦文珊，宋创业等编著. —北京：中国环境
科学出版社，2012.4
（中国生态系统研究网络（CERN）长期观测质量管理
规范丛书）
ISBN 978-7-5111-0961-3

Ⅰ. ①陆…　Ⅱ. ①吴…②韦…③宋…　Ⅲ. ①陆地—
生态系统—观测—数据—质量管理—中国　Ⅳ. ①P942

中国版本图书馆 CIP 数据核字（2012）第 062335 号

责任编辑　张维平
封面设计　玄石至上

出版发行　中国环境科学出版社
　　　　　（100062　北京东城区广渠门内大街 16 号）
　　　　　网　　址：http://www.cesp.com.cn
　　　　　电子邮箱：gjbl@cesp.com.cn
　　　　　联系电话：010-67112765（编辑管理部）
　　　　　发行热线：010-67125803，010-67113405（传真）
　　　　　印装质量热线：010-67113404
印　　刷　北京中科印刷有限公司
经　　销　各地新华书店
版　　次　2012 年 8 月第 1 版
印　　次　2012 年 8 月第 1 次印刷
开　　本　787×1092　1/16
印　　张　11.25
字　　数　250 千字
定　　价　36.00 元

《中国生态系统研究网络（CERN）长期观测质量管理规范》丛书

指导委员会

于贵瑞　孙晓敏　杨林章　王跃思　李凌浩　蔡庆华

编辑委员会

主　编　袁国富　吴冬秀　于秀波

编　委（按姓氏笔画排序）

　　　　叶　麟　韦文珊　刘广仁　宋创业　宋　歌　张心昱

　　　　胡　波　施建平　徐耀阳　唐新斋　潘贤章

《陆地生态系统生物观测数据质量保证与质量控制》
编 写 组

主 编　吴冬秀

副主编　韦文珊　宋创业　张　琳

编写人员（以姓氏拼音为序）

白　帆　　陈　辉　　崔清国　　邓晓保　　邓　云

樊月玲　　付　昀　　郭学兵　　韩联宪　　李跃林

宋创业　　苏宏新　　王吉顺　　韦文珊　　吴冬秀

徐广标　　颜绍馗　　张代贵　　张　琳　　张万红

周丽霞

《陆地生态系统生物观测数据质量保证与质量控制》
评审专家委员会

主 任　李凌浩

委 员（以姓氏拼音为序）

陈佐忠　　黄建辉　　贺金生　　何维明　　胡良霖

梁银丽　　李凌浩　　潘庆民　　武兰芳　　谢小立

谢宗强　　于贵瑞

序　言

中国生态系统研究网络（CERN）从 20 世纪 80 年代末开始筹建以来，针对不同地域的典型生态系统开展了长期联网监测与研究，揭示陆地和水域生态系统演变规律，以及全球变化和人类活动对生态系统的影响和反馈。

建立科学合理的监测规范是 CERN 开展长期联网监测的一项基础性工作。为此先后出版了《中国生态系统研究网络观测与分析标准方法》丛书和《中国生态系统研究网络长期观测规范》丛书，制定了生态系统长期监测指标，规范了长期观测的场地及其设置方法，统一了观测和分析方法。

本次出版的《中国生态系统研究网络（CERN）长期观测质量管理规范》丛书则是针对 CERN 长期监测数据的质量控制和质量保证体系进行系统阐述。丛书分为 5 册，其中包括陆地生态系统水分、土壤、大气、生物要素 4 册和水域生态系统 1 册。每册均涵盖 CERN 质量管理体系、数据产生过程质量保证与质量控制、数据审核与评估、质量管理相关制度等 4 个部分，系统阐述了 CERN 数据从观测计划、数据生产、数据审核到数据检验全过程的质量保证要求和质量控制方法。

该丛书是对 CERN 多年生态系统监测和数据质量管理成果和经验的系统总结，同时也借鉴了国际和国内相关的生态系统和环境长期监测质量控制方法。在此基础上形成了一套有特色的，符合 CERN 长期监测特征的质量管理规范。

该丛书是由 CERN 水、土、气、生和水域 5 个学科分中心负责编写完成，得到 CERN 综合中心、各生态站和 CERN 科学委员会的大力支持。作为 CERN 长期联网监测规范体系的重要组成部分，该丛书将进一步完善 CERN 质量管理和数据质量体系，并为我国相关领域长期联网监测的规范化管理提供有益的参考。

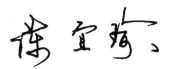

CERN 科学委员会主任

中国科学院院士

2012 年 7 月 25 日

前　言

　　数据质量是观测工作的生命。中国生态系统研究网络（CERN）建立之初就非常重视对长期联网观测数据的质量管理，组建了由生态站、学科分中心、综合中心、领导小组办公室/科学委员会多级机构组成的质量管理体系，制定了统一的观测指标，配置了统一的仪器设备。为了保证长期观测方法的规范性和统一性，1996 年 CERN 组织专家编写出版了《陆地生物群落调查观测与分析》，1998 年，CERN 又组织专家编写了一套野外操作手册，包括《森林生态站监测手册》、《草地生态站监测手册》和《农田生态站监测手册》。在 2007 年，基于近 10 年的工作积累，又编写出版了《陆地生态系统生物长期观测规范》。经过 20 多年的不断完善，CERN 目前的质量管理体系已经相对完备，然而与数据质量管理相关国际/国家标准、国际上相关观测网络相比，还存在一定差距，其中一个比较突出的问题是，CERN 质量管理体系文件不够完备和系统。

　　按照质量管理体系国际/国家标准，本书对质量管理文件体系各部分内容进行了完善或者补缺。全书基本按照质量管理各过程环节的顺序进行编排，共 10 章。全书内容可分为两大类，一类是对 CERN 成功经验和相关文献的总结，即 CERN 实际运行中已经有相对规范的操作和成熟的经验，但没有形成文本化的质量管理文件或者现行质量管理文件不够全面和细化，作者基于现行操作规程、经验和相关文献，结合现代质量管理相关研究进展和标准，总结形成相对完善和系统的文本化质量管理文件，如第 2 章、第 4~7 章、第 8~10 章部分内容；另一类是基于研究对 CERN 缺失质量文件的初步补充，相关内容具有一定探索性，有待经过实践检验和完善，如第 3 章、第 8~10 章部分内容。本书内容与以前发布的制度性文件、规范性书籍和手册等一起组成 CERN 生物观测数据质量管理文件体系，可为 CERN 生物观测数据质量保证和质量控制提供指导和依据，为 CERN 生物观测技术人员提供培训教材，为 CERN 生物观测数据使用者提供帮助和建立信心，也为相关研究和实践提供参考。

　　本书由吴冬秀任主编，韦文珊、宋创业、张琳任副主编，负责大纲设计、主要章节撰写和全书统稿，参加编写人员多达 20 人。各章编写人员如下：第 1~2 章，吴冬秀（负责人）、宋创业；第3章，吴冬秀；第4章，韦文珊（负责人）、白帆、王吉顺；第5章，韦文珊（负责人）、白帆（5.2，5.3）、陈辉（5.4）、邓晓保（5.3，5.4）、苏宏新（5.5）、徐广标（5.2，5.6）、李跃林（5.7）、崔清国（5.8）、韩联宪（5.9）、张万红（5.10）、樊月玲（5.10）、王吉顺（5.11）、张代贵（5.12）、吴冬秀（5.12）；第6章，张琳（负责人）、邓晓保、付昀、周丽霞；第7章，韦文珊（负责人）、吴冬秀；第8章，宋创业（负责人）、韦文珊、吴冬秀、颜绍馗、郭学兵、邓云；第9章，宋创业（负责人）、吴冬秀；第10章，宋创业（负责人）、付昀、韦文珊。

编写第5~6章时，曾向CERN生态站广泛征集稿件，共有20多人供稿，由于篇幅和内容上的限制，有10多人的稿件没有在本书体现，但他们对书稿同样具有重要贡献。书稿在编写过程中，先后多次召开编写讨论会，与会专家对书稿提出了很多宝贵意见。此外，CERN生物分中心的研究生施慧秋参加了书稿的大部分画图、格式编排、文字修改、文献录入等工作。特此致谢！

由于编者水平有限，书中错误和疏漏一定不少，希望使用者提出宝贵意见，以便进一步修订和完善（电子邮件发至：wudx@ibcas.ac.cn）。

《陆地生态系统生物观测数据质量保证与控制》编写组
2012年2月于北京

目　录

1 绪 论*

1.1 生物长期观测与数据质量

1.1.1 生物长期观测

生物长期观测指服务于生态系统研究、对生态系统重要生物成分的长期定位观测。一般要求有固定的观测样地，并采用统一的观测方法。观测内容主要为植物群落种类组成与结构、植物群落物质生产与循环、动物群落种类组成与结构、微生物种类组成与结构等。习惯上也称为"生物长期监测"或"生物监测"。生物是生态系统的核心成分，是生态系统结构与功能的直接体现者和实现者。因此，无论是对生态系统动态的跟踪，还是对生态系统过程机制的研究，都离不开对生物的观测，生物观测是生态系统长期观测与研究的主体和核心。

中国生态系统研究网络（Chinese Ecosystem Research Network，CERN）始建于1988年。CERN建立的主要目的是为了监测中国生态环境变化，综合研究中国资源和生态环境方面的重大科学问题，发展资源科学、环境科学和生态学。CERN的核心任务之一是对我国主要类型生态系统的生物组分和土壤、水分、大气环境要素进行长期联网观测，获取生态系统动态变化的长时间序列数据，揭示其不同时期的变化规律及其驱动因素。经过20多年的发展，CERN已经成为我国生态系统观测和生态环境研究的重要基地，也是全球生态环境变化观测网络的重要组成部分（赵剑平，1994；孙鸿烈等，2005，2009；傅伯杰等，2010）。

CERN陆地生态系统生物长期联网观测开始于1998年，联网观测的目的是通过对中国典型生态系统中反映生物群落状况的重要参数（如动植物种类组成、生物量、植物元素含量等）和关键生境因子的长期观测，通过有效的质量控制措施和质量保证体系，获得真实反映主要生态系统中生物群落现状与动态变化的长期联网观测数据。观测数据可应用于：揭示各类生态系统中生物多样性和群落结构的变化规律；与环境因子的观测数据相结合，利用遥感、地理信息系统和数学模型等现代生态学研究手段，探讨有关生态过程变化的机制；为深入研究我国主要生态系统动态变化与环境变化、人类活动的关系，以及生态系统的适应性管理提供数据服务。

---

* 编写：吴冬秀，宋创业（中国科学院植物研究所）。
　审稿：于贵瑞（中国科学院地理科学与资源研究所），李凌浩（中国科学院植物研究所）。

1.1.2 数据质量的重要性

一般而言，数据是指为反映客观世界而记录下来的可以鉴别的数字或符号，如数字、文字、图形、图像和声音等。本书中，数据主要指通过有计划的长期观测所获得的反映生态系统状态的数据，它们是长期观测工作的直接产品和阶段成果。因此，数据质量的高低直接关系着观测工作的成败，具有非常重要的意义。

生态系统长期观测数据产生周期长，数据采集需耗费大量人力、物力、财力，许多数据难以重复采集，而且，由于长期观测数据生产者和使用者往往互为分离，致使数据错误的回溯难度增加。另外，由于生态系统长期观测数据具有广泛的应用领域，如生态系统健康评价、生态环境保护决策分析等，而且往往为多用户共享，低质量数据产生的不良后果会被放大到更大的时间和空间范围。因此，对于长期观测而言，数据质量尤为重要，可以说数据质量就是长期观测工作的生命线，必须通过有效措施，保证数据可以真实、准确地反映所观测对象的特征，服务于科学研究和社会经济发展。

数据质量管理涉及技术方法、人员机构、基础设施条件等诸多方面。为了保证长期观测数据的质量，必须在质量管理相关国际/国家标准、研究成果基础上，结合生态系统长期观测数据的特点，对数据质量的各个方面开展深入研究。并基于研究，建立科学有效的数据质量管理体系，制定数据质量标准、质量评价方法等，构建系统化的质量管理文件。依据质量管理文件，以制度化、规范化的方式将数据质量管理落实到数据生产、传递和使用的各个过程、各环节和有关人员中，实现对数据质量的全面管理，从而使长期观测数据质量得到更有效的保障。

1.2 数据质量研究进展

1.2.1 概述

数据质量是一个永久的、具有普遍意义的主题。随着计算机、数据库和互联网技术的快速发展和普及应用，各种数据信息资源激增，数据质量问题逐渐凸显，数据质量的研究与控制受到前所未有的关注。用 Google 搜索关键词"data quality"，2006 年搜索结果约为 300 万条（Batini & Scannapieca，2006），2010 年约为 1.4 亿条，2011 年约为 5.24 亿条。尽管数据质量问题很早就受到关注，但数据质量研究是一个新兴的研究领域，从事数据质量研究的学者主要来自统计学、管理学和计算机科学。20 世纪 60 年代末，统计学家最早开始对统计数据的有关质量问题开展研究。随后，80 年代初管理学家介入数据质量研究，主要关注数据生产系统的问题数据识别与消除。90 年代初，随着各类信息系统的广泛应用，计算机科学家对数据质量的定义、度量和提升等多个方面的理论与方法技术开展了广泛研究，促进数据质量研究快速发展。

数据质量研究方面，发达国家起步较早，取得了一系列重要成果。主要体现在：①数据质量的概念与内涵随着研究的深入得到不断丰富和拓展；②对数据质量维度描述开展了深入研究，提出了不同质量维度框架体系；③将数据作为产品，借鉴物质产品质量管理理论，提出了全面数据质量管理（Total Data Quality Management，TDQM）；④开发了成套的与数据质量有关的方法与工具；⑤以地理信息质量的系列国际标准为代表，逐步形成了数据质量相关的系列国际标准。美国麻省理工学院最早开展了对数据质量的系统研究，引领研究前沿，于 1996 年启动了"国际信息质量会议"（International Conference on Information Quality，ICIQ），每年举办，以加强数据与信息质量的研究交流。目前，数据质量研究已发展成为一门专门的学科，如美国阿肯色大学于 2005 年设立了信息质量硕士专业。

此外，很多发达国家政府机构对数据质量问题也非常重视。首先，政府部门积极制定法规保障数据质量。在这方面，美国作出了卓有成效的工作，建立了比较完善的有关数据质量的法规。其次，数据质量的教育、培训与咨询越来越受到重视。在发达国家，不仅有些大学设置了有关数据质量管理的课程并提供短期培训，还涌现出一批提供数据质量评估及咨询服务的公司，举办各种研讨班，进行数据质量培训已成为一种惯例。

长期以来，我国不同领域对数据质量控制的方法及过程也有很多研究和实践。如 CERN 自 1998 年开始生态系统联网观测以来，通过统一制定观测指标及其观测方法、数据规范，在数据质量控制方面积累了丰富的经验；近年来，我国发布实施了一批有关数据质量控制的国家标准。但总体来说，与发达国家相比，国内在数据质量方面无论从研究的深度、管理的强度，还是受到关注的广泛程度都存在相当的差距，我国数据质量管理理论和实践的研究力度都需要加强。

1.2.2 数据质量概念

随着相关研究的发展，数据质量在不同时期，有着不同的概念和标准。通常人们认为数据质量主要指数据的准确性（Accuracy），20 世纪 80 年代以前，国际上对数据质量的标准基本上也是以提高数据准确性为出发点。后来发现，为了全面描述数据质量，数据质量的其他维度，如完整性（Completeness）、一致性（Consistency）等也是必不可少的，准确性不再是衡量数据质量的唯一标准。传统数据质量包括精度、一致性、完整性等数据生产过程中的其他质量要素，也称本征质量。近年来，随着信息技术的快速发展和普及应用，对数据质量概念的认识也从狭义向广义转变，对用户要求的满意程度成为衡量数据质量的重要指标，此即广义数据质量，要点是从用户或数据共享的角度出发描述数据质量。除了本征质量外，可获得性、满足用户要求程度、表述是否清晰易懂等也成为衡量数据质量的重要指标（Strong et al.，1997；姜作勤，2004；胡良霖和侯玉芳，2006）。

广义数据质量的定义也是多种多样。有些文献将数据质量直接定义为一组属性/特征，如 Aebi 等（1993）定义数据质量为：一致性（Consistency）、正确性（Correctness）、完整性（Completeness）、最小性（Minimality）这 4 个指标在信息系统中得到满足的程度。Wang 和 Strong（1996）将数据质量定义为"使用的适合性"（Fit for Use）。Orr（1998）将数据质量定义为"一个信息系统表达的数据视图与客观世界同一数据的距离"。根据国家标准《质量管理体系　基础和术语》（GB/T 19000—2008）对质量的定义，数据质量可定义为："数据的一组固有特性满足要求的程度。"

1.2.3 全面数据质量管理

全面数据质量管理（TDQM）的核心是将数据作为一种特殊的产品，借鉴物质产品全面质量管理的原则、方法、指南和技术来进行数据质量管理。全面质量管理的概念是指一个组织以质量为中心、以全员参与为基础，目的在于通过让顾客满意和本组织所有成员及社会受益而达到长期成功的管理途径。在 TDQM 研究方面，麻省理工学院取得了具有实用价值的研究成果，为 TDQM 奠定了基础，被美国国防部等多个政府机构所采用（Wang et al.，1995；Wang，1998；Wang et al.，2003；胡良霖，2009；吴爱娜等，2009）。

TDQM 指出数据作为一种特殊的产品，应将其作为具有生命周期的产品进行管理，要按照计划—执行—检查—行动（Plan-Do-Check-Act，PDCA）4 个环节管理数据产品的过程和结果，在应用中重点关注信息、技术、流程和人员管理 4 个部分。TDQM 与其他质量管理活动一样，重视实施源头治理和立足预防，是从根本上解决数据质量问题的关键。通过建立数据质量管理体系，来系统地设计、管理和控制信息链。TDQM 从产生数据的源头实施质量保证，阻止错误数据发生而不是修正产生的错误数据。一般来说，阻止错误数据发生的成本只有修正错误数据成本的 1/10（Wang，1998；商广娟，2004）。

Wang（1998）对 TDQM 方法进行了系统阐述。他提出，一个组织如果想施行 TDQM，必须做到以下几点：①明确生产什么数据产品；②建立数据产品队伍，包括 TDQM 总负责人和技术负责人、数据生产者、数据使用者、数据管理者等；③培训全体成员；④建立持续改进制度。TDQM 方法包括定义（Define）、量度（Measure）、分析（Analyze）、改进（Improve）4 个环节。"定义"包括定义产品的特征、定义质量要求、定义数据生产系统三部分。"量度"指根据数据产品的定义，跟踪数据的量度，监控数据质量。"分析"指分析数据质量量度结果，找出数据质量出现问题的根本原因。"改进"指根据分析的结果，提出改进措施，应用于定义环节，消除产生数据质量问题的根源。这样，通过定义、量度、分析、改进 4 个环节的反复循环，实现数据产品质量的持续改进。

1.2.4 数据质量相关标准

数据质量标准方面最具代表性的是关于地理信息质量的一系列国际标准，它们是国际标准化组织地理信息技术委员会（ISO/TC 211）通过多年的努力先后发布的，包括：ISO 19113—2002《地理信息　质量规则》（Geographic information-Quality principles）、ISO 19114—2003《地理信息　质量评价过程》（Geographic information-Quality evaluation procedures）、ISO 19138—2006《地理信息　数据质量的量度》（Geographic information-Data quality measures）、ISO 19115《地理信息　元数据》（Geographic Information-Metadata）。这些标准从地理信息数据质量的基本概念、评价方法，到评价结果的表述方法，都进行了完整的阐述，作出了明确的规定，是地理信息各个应用领域制定数据质量控制专用标准的基础，也是其他领域数据质量研究的重要参考（蒋景瞳，2008）。近年来，我国也发布实施了一批有关数据质量控制的国家标准，如《数字测绘产品质量要求　第一部分：数字线划地形图、数字高程模型质量要求》（GB/T 17941.1—2000）、《生态科学数据元数据》（GB/T 20533—2006），以及参照相关国际标准制成的地理信息相关国家标准（蒋景瞳等，2008）。

1.3 质量管理体系

为了保证长期观测的数据质量，必须建立有效的数据质量管理体系。在这方面，物质产品质量管理有许多成熟的理论知识和实践经验可供借鉴。国际标准化组织质量管理和质量保证技术协会（ISO/TC 176）于 1986—1987 年颁布 ISO 9000 族质量管理体系国际标准，随后分别于 1994 年、2000 年、2008 年经过三次修订。ISO 9000 族标准主要包括：ISO 9000《质量管理体系　基础和术语》、ISO 9001《质量管理体系　要求》、ISO 9004《质量管理体系　业绩改进指南》、ISO 19011《管理和（或）环境管理体系审核指南》（http：// wiki.mbalib.com/wiki/ISO 9000），对应的国家标准为 GB/T 19000 族标准。这些标准对质量管理体系有关术语、要求、有效性分析等进行了规定，是数据质量管理的重要借鉴依据。

1.3.1　质量管理体系的定义与内涵

国家标准《质量管理体系　基础和术语》（GB/T 19000—2008）对质量管理的定义为："在质量方面指挥和控制组织的协调活动。"关于质量的指挥和控制活动通常包括制定质量方针和质量目标，以及质量策划、质量控制、质量保证和质量改进。在质量方面建立方针和目标，并指挥和控制组织实现这些目标的体系，即为质量管理体系（Quality Management System，QMS）。质量管理体系是由组织机构、程序、过程和资源相互关联组成的组合体。组织机构指人员职责权限和相互关系的安排。程序指为进行某项活动或过程所规定的途径。程序可以形成文件也可以不形成文件，质量管理体系程序通常要求形成文件，含有程序的文件称为"程序文件"。过程指将输入转化为输出的相互关联或相互作用的一组活动。包括产品质量形成过程、测量分析与改进过程、资源管理过程等。质量管理通过过程的管理来实现。资源指组织机构运行所必需的各项物资与基础设施，包括资金、设施、设备、料件、能源、技术和方法。

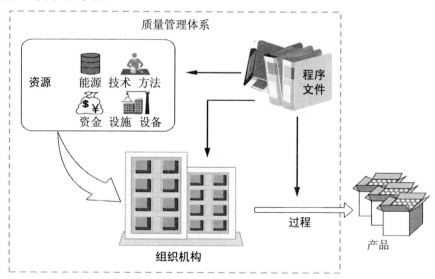

图 1-1　质量管理体系组成成分示意

美国环境保护局（Environmental Protection Agency，EPA）对质量管理体系的定义为：一个组织为了保证其所提供产品或服务的质量而建立的一套系统。这套系统必须对技术、行政管理、人员等影响质量的因子进行有效的控制，具体包括制定质量方针和目标，规定操作程序和过程、组织权限、责任以及问责制等。质量管理体系还需要为质量管理各环节的工作（质量计划、实施、评价、改进），以及质量保证和质量控制措施的实施提供框架性规定和指导。

1.3.2 质量管理相关术语

国标《质量管理体系　基础和术语》（GB/T 19000—2008）对质量管理体系有关术语做了系统论述，本部分术语，除特别注明外，均引自该标准。

质量方针（Quality Policy）：是由组织最高管理者正式发布的，该组织关于质量方面的全部意图和方向。通常，质量方针与组织的总方针相一致，并为制定质量目标提供框架。

质量目标（Quality Objective）：指在质量方面所追求的目的。质量目标通常依据组织的质量方针制定。通常针对组织的相关职能和层次分别制定质量目标。质量目标是对产品质量的总体期望目标，如出厂合格率达到100%，一次交验合格率达到100%，不涉及具体的质量特性。

质量要求（Quality Requirement）：指在质量方面明示的、隐含的或必须履行的需求或期望。

质量特性（Quality Characteristic）：产品、过程或体系与要求（必须履行的需求或期望）有关的固有特性。质量概念的关键是"满足要求"。这些"要求"必须转化为有指标的特性，作为评价、检验和考核的依据。由于用户的需求是多种多样的，反映质量的特性也是多种多样的（ISO 9000—2000）。

质量策划（Quality Planning）：质量管理的一部分，致力于制定质量目标并规定必要的运行过程和相关资源以实现质量目标。编制质量计划是质量策划的一部分。

质量控制（Quality Control，QC）：质量管理的一部分，致力于满足质量要求。在国家标准《质量管理和质量保证　术语》（GB/T 6583—1994）中，质量控制的定义是"为达到质量要求所采取的作业技术和活动"。质量控制的对象是过程，质量控制的目的在于以预防为主，通过采取预防措施来排除质量环（Quality loop）各个阶段产生问题的原因。美国环境保护局对质量控制的定义是：检测操作的规范性并保证操作符合规定要求的所有技术活动（Technical Activities）的总和。质量控制一般由技术人员实施，如仪器标定、标样分析、数据复查等（http：//www.epa.gov/quality）。

质量保证（Quality Assurance，QA）：质量管理的一部分，致力于提供质量要求会得到满足的信任。在 GB/T 6583—1994 中质量保证的定义是"为提供足够的信任表明产品能够满足质量要求，而在质量管理体系中实施并根据需要进行证实的全部有计划和有系统的活动"。质量保证的目的是提供信任，获信任的对象有两个方面：一是内部的信任，主要对象是组织的领导，二是外部的信任，主要对象是客户。美国环境保护局对质量保证的定义是：为保证操作过程或者数据达到预期质量要求，而实施的包括计划、实施、评估、报告和改进等各项管理活动（Management Activities）的集成。质量保证一般由管理者或技术总监实施，如野外操作的技术和管理评估等（http：//www.epa.gov/quality）。

质量管理体系文件（Quality Management System Documentation）：指描述质量管理体系组织机构、责任与权限、资源配置，以及各个过程环节的方法规范和记录等一整套文件。有时简称为"质量文件"。

1.3.3 质量管理体系文件

1.3.3.1 质量管理体系文件内涵

质量管理体系文件是描述质量管理体系的一整套文件。质量管理体系文件是组织开展质量管理和质量保证的重要基础。建立并完善质量管理体系文件是为了理顺关系，明确职责与权限，协调各部门之间的关系，对生产活动进行规范指导，使各项质量管理活动能够顺利、有效地实施，使质量管理体系实现经济、高效地运行，以保证产品质量。组织规模越大，员工之间的沟通越重要、质量管理文件的作用也越大。此外，质量管理体系文件还有以下作用：

（1）满足用户要求和质量改进。

（2）提供适宜的培训。质量管理体系文件是直接指导员工工作或操作的规范，掌握文件也就掌握了工作的要求、要领和程序，就能够有效地开展工作。

（3）确保重复性和可追溯性。组织的生产或工作，绝大多数具有重复性，这种重复性是确保质量处在同一个水平的前提。具有文件记录，进行质量追溯才有依据。

（4）提供客观证据。在现代社会，组织面临日臻完善且日趋严厉的法制环境，组织的任何主张必须要有客观的证据，这不仅是对外的需要，也是对内的需要。

（5）评价质量管理体系的有效性和持续适宜性。文件包括评价的标准和评价的客观证据，用于指导评价。

1.3.3.2 质量管理体系文件结构

质量管理体系文件由质量手册、程序文件、作业指导书、质量记录（表格、报告、记录等）4 个不同层次的文件组成，文件内容逐层详尽（图 1-2）。

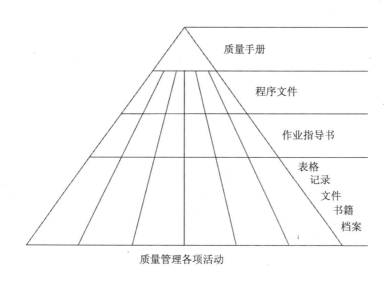

图 1-2　质量管理体系文件结构

质量手册是阐明一个组织的质量方针和质量目标，并描述其质量管理体系的文件。质量手册描述质量管理体系范围，各过程之间相互关系，以及各过程所要求形成的文件的控制程序，它对质量管理体系的组织结构（含职责权限）、程序、过程和资源作出规定。它不仅是质量管理体系表征形式，更是质量管理体系建立和运行的纲领，是组织一切质量活动的准则，也是指导其他质量文件的重要依据。质量手册通常为管理者及用户使用。

程序文件是描述为实施质量管理体系要求所涉及的各职能部门质量活动和具体工作程序的文件，并对各职能部门的质量活动和具体工作程序中的细则作出规定。

作业指导书是对有关活动如何实施和记录的详细描述，是实施各过程和质量控制活动的技术依据和管理性文件的依据，为执行性文件。用于指导操作人员完成各项质量控制活动，主要为操作人员使用。

质量记录为质量管理体系运行的证实依据，是质量管理体系运行有效性的客观依据及完成某项活动的证据，为证实监督文件。

1.3.4 质量管理体系建立的步骤

建立和完善质量管理体系一般要经历质量管理体系的策划与设计、质量管理体系文件的编制、质量管理体系的试运行、质量管理体系审核和评审 4 个阶段，每个阶段又可分为若干个具体步骤。

（1）质量管理体系的策划与设计：该阶段主要是做好各种准备工作，包括教育培训，统一认识；组织落实，拟订计划；确定质量方针，制订质量目标；现状调查和分析；调整组织结构，配备资源等方面。

（2）质量管理体系文件的编制：根据质量管理体系文件的编制内容和要求，编写全套文件。

（3）质量管理体系的试运行：质量管理体系文件编制完成后，质量管理体系将进入试运行阶段。其目的是通过试运行检验质量管理体系文件的有效性和协调性，并对暴露出来的问题采取改进和纠正措施，以达到进一步完善质量管理体系文件的目的。

（4）质量管理体系的审核与评审：质量管理体系审核在体系建立的初始阶段更加重要。在这一阶段，质量管理体系审核的重点，主要是验证和确认质量管理体系文件的适用性和有效性。质量管理体系是在不断改进中得以完善的，进入正常运行后，仍然要采取内部审核、管理评审等各种手段以使质量管理体系能够保持良好的运行状态并不断完善。

1.3.5 长期观测数据质量管理体系案例

国外在生态环境长期观测方面起步较早，在观测数据质量管理方面积累了丰富的经验，本节以美国环境保护局（EPA）和英国环境变化监测网络（The UK Environmental Change Network，ECN）为例，介绍国外生态环境观测数据质量管理经验。

1.3.5.1 EPA 数据质量管理体系

美国 EPA 成立于 20 世纪 70 年代，一直致力于推动观测技术和质量管理的规范化、法规化、标准化，已建立较为全面的质量保证与质量控制理论体系。所有的 EPA 质量管理工作都必须遵守 EPA 认证的质量管理计划。EPA 的质量管理体系可分为政策（Policy）、组织机构/计划（Organization/Program）和项目（Project）三个层次，每个层次都包含多个组分（Components）（图 1-3）。

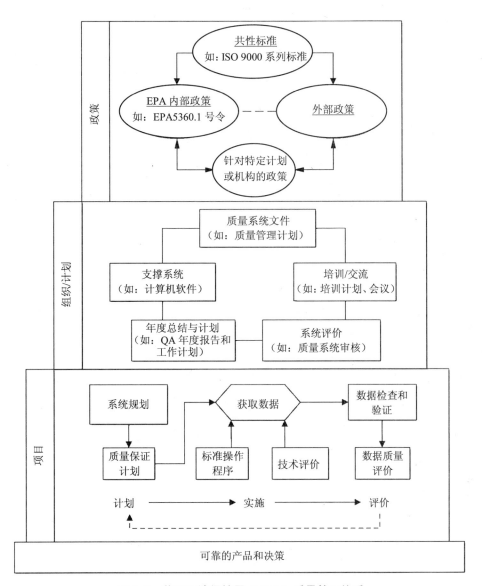

图 1-3 美国环境保护局（EPA）质量管理体系

（译自 EPA 网站：http://www.epa.gov/quality）

　　政策层是指各种与质量管理有关的法律、规章、指导文件等，是 EPA 质量管理体系的基础。政策层包含三个组分：① 针对 EPA 机构的总体政策（Agency-wide Internal Policies）；② 针对代表 EPA 执行环境计划的非 EPA 机构的总体政策（Agency-wide External Policies）；③ 针对特定机构或计划的政策（Organization-specific or Program-specific Policies）。所有这些政策都必须遵从相关国家标准、行业标准和国际标准等标准文件。政策层面的文件提供相关环境项目中质量管理系统的最基本要求，以及质量管理体系中必需的原则与术语定义等内容。以此为基础，各相关部门制定一系列涉及环境数据和技术的相关 QA/QC 法令、法规等。

　　组织机构/计划层主要是针对一个机构或者计划的管理方针和管理过程，包含 5 个核心组分：① 质量管理体系文件（Quality System Documentation），主要描述一个机构的权限、质量方针和程序。EPA 要求每个机构把其质量管理体系以文本的形式在"质量管理计划"（Quality Management Plan）中给予阐述，并对质量管理计划文件的内容和格式都有详细的要求；② 质量管理体系评估（System Assessment），主要用于评估机构/计划的质量管理体系的有效性，EPA 制定了专门的评估办法和评估报告撰写格式，要求至少每年做一次；③ 年度总结和计划（Annual Reviews and Planning），EPA 要求每个机构每年对本年度质量管理活动做一个全面总结，制定来年工作计划，并按照制定的文件格式撰写和提交"质量保证年度报告和工作计划"（QA Annual Report and Work Plan）；④ 培训和交流（Training/Communication），用于提高质量管理全体参与人员的素质，确保质量管理体系的有效运行，EPA 要求每个机构在"质量管理计划"中对培训计划进行明确阐述；⑤支持系统（Supporting System Elements），保证质量管理体系正常运作所需要的软、硬件资源，如计算机软、硬件等。

项目层主要针对一个机构或者计划中具体观测项目的数据获取和使用过程，包含 3 个组分：① 计划（Planning），计划内容包括制定数据要求标准（数据类型、数量、质量）、制定相应取样计划、确定质量监督和质量控制活动级别等。计划过程要求按照指定的程序进行，计划结果要求以文本的形式撰写"质量保证项目计划（QA Project Plan）"或其他计划文件；② 实施（Implementation），指按照批准的方法和规定的程序获取数据，取样程序在"质量保证项目计划"和"标准操作程序"（Standard Operating Procedures）中有明确规定。在实施过程中，要按照"技术审核"（Technical Audit）文件及其评价文件的要求对取样过程进行监督，确保取样过程符合"质量保证项目计划"或其他计划文件的要求，对发现的问题要求及时采取纠正措施；③ 评价（Assessment），指项目人员利用技术知识和统计方法检测数据质量是否达到用户要求。数据首先要经过审验过程，确认数据没有因程序或技术问题造成的严重错误，随后分析确定数据是否达到"质量保证项目计划"文件中规定的质量标准，评价的结果还需要经过同行评审。

为了保证质量管理体系的有效运行，EPA 制定了一系列有关质量管理的规定性及指导性文件，QA/R 系列及 QA/G 系列（详见附表 1-1），用于指导每个环节的质量管理活动和相关质量文件的撰写、归档，保证所有质量管理活动的规范化、标准化、文本化。其中一些指导性文件已被其他部门作为发展自己部门质量管理规章的基础。可以说，这些文件是 EPA 质量管理体系得以有效运行的关键。

1.3.5.2 ECN 数据质量管理体系

ECN 成立于 1992 年，是一个综合性的环境观测网络，旨在收集、存储、分析、解释一系列生态环境关键变量为基础的长期观测数据。

ECN 实行"生态站—数据中心"两级数据质量管理体系（图 1-4）。生态站是 ECN 数据获取和初级评估的执行者，ECN 通过制定标准操作程序指导生态站进行野外观测，同时对数据获取的过程进行质量控制。数据获取过程结束之后，生态站对数据获取操作过程规范性和数据质量进行评估，对问题数据进行重新采样。

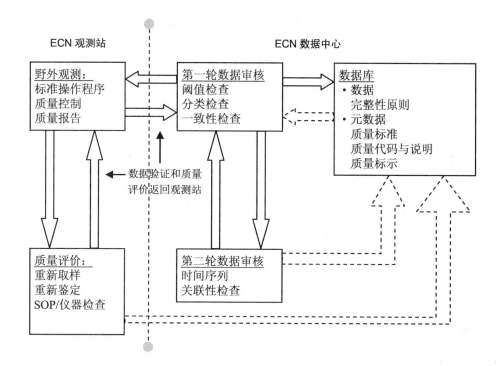

图 1-4 英国环境变化监测网络（ECN）数据质量管理体系

（译自 ECN 网站：http：//www.ecn.ac.uk/）

数据通过生态站检查后报送至数据中心，数据中心对数据进行两轮审核，第一轮审核主要采用阈值检查、一致性检查等审核方法；第二轮审核主要采用时间序列分析和关联性检验等进行审核，最后将数据评估结果返回给生态站。

数据通过生态站和数据中心检查以后，即被输入数据库，数据库中包括整合的数据集和各类元数据信息，如质量标准、质量代码与说明、质量标示等。

为保证数据质量管理体系有效运行，ECN 也建立了质量管理体系文件，主要有《英国 ECN 陆地站标准观测规范》（The United Kingdom Environmental Change Network：protocols for standard measurements at terrestrial site）和《英国 ECN 淡水站标准观测规范》（The United Kingdom Environmental Change Network：protocols for standard measurements at freshwater sites），其主要内容包括数据质量指标体系、观测技术、方法与规范，以及质量控制措施等，此外 ECN 还统一制定原始数据记录表。

参考文献

[1] 国家质量技术监督局. 1995. 质量管理和质量保证 术语：GB/T 6583—1994 [S]. 北京：中国标准出版社.

[2] 国家质量技术监督局. 2001. 质量管理体系 基础和术语：GB/T 19000—2000[S]. 北京：中国标准出版社.

[3] 国家质量技术监督局. 2009. 质量管理体系 基础和术语：GB/T 19000—2008[S]. 北京：中国标准出版社.

[4] 胡良霖，侯玉芳. 2006. 科学数据库数据质量内容模型与研究进展[C]//科学数据库与信息技术第八届学术研讨会. 科学数据与信息技术论文集：第八集. 北京：中国环境科学出版社，361-367.

[5] 胡良霖. 2009. 科学数据资源的质量控制和评估[J]. 科研信息化技术与应用，2（1）：50-55.

[6] 姜作勤. 2004. 数据质量研究与实践的现状及空间数据质量标准[J]. 国土资源信息化，3：22-28.

[7] 蒋景瞳，刘若梅，贾云鹏，等. 2008. 地理信息数据质量的概念、评价和表述——地理信息数据质量控制国家标准核心内容浅析[J]. 地理信息世界，（4）：5-10.

[8] 施建平，杨林章. 2008. 土壤长期观测数据的质量保证[C]//科学数据库与信息技术论文集，第九集. 北京：中国环境科学出版社，119-124.

[9] 宋敏，覃正. 2007. 国外数据质量管理研究综述[J]. 情报杂志，（2）：7-9.

[10] 孙鸿烈，沈善敏，陈灵芝，等. 2005. 中国生态系统[M]. 北京：科学出版社，1785-1822.

[11] 孙鸿烈，于贵瑞，沈善敏，等. 2009. 生态系统综合研究[M]. 北京：科学出版社，1-22.

[12] 吴爱娜，隋军，姜秋，等. 浅谈加强我国极地科学考察数据质量管理的对策[J]. 海洋开发与管理，26（11）：36-39.

[13] AEBI D，PERROCHON L. 1993. Towards improving data quality [C]. Proc of the International Conference on Information Systems and Management of Data：273-281.

[14] BATINI C，SCANNAPIECA M，2006. Data quality，concepts，methodologies and techniques [M]. Springer.

[15] FU B J(傅伯杰)，LI S G(李胜功)，YU X B(于秀波)，et al. 2010. Chinese ecosystem research network：Progress and perspectives [J]. Ecological Complexity，7：225-233.

[16] ORR K. 1998. Data quality and system theory [J]. Communications of the ACM，41（2）：66-71.

[17] STRONG D M，YANG W L，RICHARD Y W. 1997. Data quality in context [J]. Communications of the ACM，40（5）：103-110.

[18] WANG R Y，STRONG D M. 1996. Beyond accuracy：what data quality means to data consumers [J]. Journal of Management Information System，12（4）：5-34.

[19] WANG R Y，STOREY V，FIRTH C. 1995. A framework for analysis of data quality research [J]. IEEE Transactions on Knowledge and Data Engineering，7（4）：623-640.

[20] WANG R Y. 1998. A product perspective on total data quality management [J]. Communication of the ACM，41（2）：58-65.

[21] ZHAO J P（赵剑平）. 1994. The Chinese ecological research network [J]. Chinese Geographic Science，4：81-94.

[22] http：//www.epa.gov/quality.

[23] http：//www.ecn.ac.uk/.

附表 1-1

EPA 质量管理文件列表

EPA 编号	文件名称	文件作用
无	新 EPA 产品和服务的管理体系编制程序 （The new EPA Quality Program Procedure for Agency products and services）	为 EPA 产品和公共服务部门建立质量管理体系的步骤提供指导
无	EPA 机构质量管理体系的政策和程序强制要求 （Policy and Program Requirements for the Mandatory Agency-wide Quality System）	EPA 机构的质量管理体系需要遵守的政策要求
无	EPA 环境观测质量手册 （EPA Quality Manual for Environmental Programs）	用于指导 EPA 机构进行环境观测工作的手册
无	EPA 环境观测数据和技术质量管理体系的概述 （Overview of the EPA Quality System for Environmental Data and Technology）	对 EPA 环境观测数据和技术管理体系的概览
QA/G-1	环境观测质量体系构建指南 （Guidance for Developing Quality Systems for Environmental Programs）	EPA 的职能部门设计环境观测质量体系的指导文件
QA/CS-1	系统规划：以有害废物分布点的调查为例 （Systematic Planning：A Case Study for Hazardous Waste Site Investigations）	以有害废物分布点的调查为例来说明如何使用数据质量目标计划做环境观测的规划工作
QA/CS-2	系统规划：以空气颗粒物观测为例 （Systematic Planning： A Case Study of Particulate Matter Ambient Air Monitoring）	以大气颗粒物的观测为例说明如何使用数据质量目标计划做环境观测的规划工作
QA/R-2	EPA 对质量管理计划的要求 （EPA Requirements for Quality Management Plans）	EPA 质量管理计划要求的说明书
QA/G-3	EPA 质量体系评估指南 （EPA Guidance on Assessing Quality Systems）	评价环境质量体系正确性和有效性的指导文件
QA/G-4	运用数据质量目标过程方法做系统策划的指南 （Guidance on Systematic Planning Using the Data Quality Objectives Process）	运用系统规划产生的性能和可接受的标准，为收集环境数据提供指导文件
QA/G-4D	数据质量目标确定错误的可行性试验软件 （Data Quality Objectives Decision Error Feasibility Trials Software）	确定数据质量目标定义可行性的软件使用说明
QA/R-5	EPA 对质量保证方案设计的要求 （EPA Requirements for Quality Assurance Project Plans）	EPA 指导质量保证方案设计要求的说明书

EPA 编号	文件名称	文件作用
QA /G-5	质量保证方案设计指南 （Guidance for Quality Assurance Project Plans）	指导质量保证方案满足 EPA 的规格要求的说明文件
QA /G-5G	空间数据质量保证方案设计指南 （Guidance for Geospatial Data Quality Assurance Project Plans）	指导空间数据质量保证方案设计的说明书
QA /G-5M	建模的质量保证方案设计指南 （Guidance for Quality Assurance Project Plans for Modeling）	指导建模的质量保证方案设计的文件
QA /G-5S	环境数据收集采样方案选择指南 （Guidance on Choosing a Sampling Design for Environmental Data Collection）	应用标准统计采样方案（随机取样）或者更高级的采样方案（分类集采样）来进行数据收集方法的指导文件
QA /G-5i	数据质量指标指南 （Guidance on Data Quality Indicators）	建立评价数据质量指标的指导文件
QA /G-6	标准操作程序准备指南 （Guidance for Preparing Standard Operating Procedures（SOPs））	设计和制作标准操作程序文档的指导文件
QA /G-7	环境数据操作的技术审查和相关评估指南 （Guidance on Technical Audits and Related Assessments for Environmental Data Operations）	用于指导环境数据收集的组织、管理、评估和技术审查的文件
QA /G-8	环境数据审核及确认指南 （Guidance on Environmental Data Verification and Data Validation）	指导环境观测数据验证、审核的文件
QA /G-9R	数据质量评估：评估者导则 （Data Quality Assessment: A Reviewers Guide）	为环境观测组织的数据质量标准评估提供指导
QA /G-9S	数据质量评估：从业者统计方法 （Data Quality Assessment: Statistical Methods for Practitioners）	介绍数据质量评估的统计学方法
QA /G-10	质量体系培训程序建立指南 （Guidance for Developing a Training Program for Quality Systems）	为各个层次的质量管理部门建立质量体系培训程序提供指导
QA /G-11	环境技术方案设计、建立及操作质量保证指南 （Guidance on Quality Assurance for Environmental Technology Design, Construction, and Operation）	为基本质量保证、质量控制程序和环境技术方案设计、建立和操作提供指导文件

（引自 EPA 网站：http://www.epa.gov/quality）

2 CERN 生物长期观测质量管理体系[*]

2.1 发展历程

参照国际标准 ISO 9000—2008《质量管理体系　基础和术语》，可以把 CERN 生物长期观测质量管理体系定义为针对 CERN 生物长期联网观测，为保证观测数据质量所建立的由组织机构、程序文件、过程和资源组合形成的系统性实体，它是 CERN 长期观测数据质量管理体系的一部分（图 2-1）。自 1988 年 CERN 建立以来，CERN 长期观测数据质量管理体系经历了不断完善的过程。

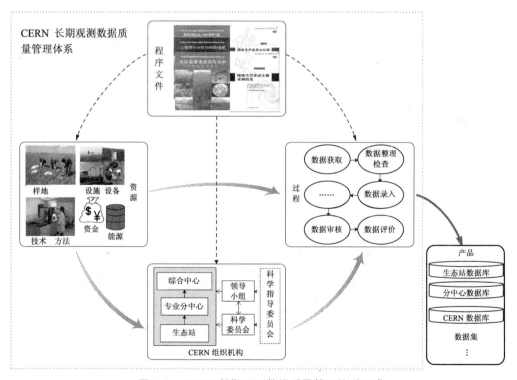

图 2-1　CERN 长期观测数据质量管理体系组成

---

* 编写：吴冬秀，宋创业（中国科学院植物研究所）。
　审稿：于贵瑞（中国科学院地理科学与资源研究所），李凌浩（中国科学院植物研究所）。

生态系统长期联网观测是 CERN 的三大任务（监测、研究、示范）之一。CERN 在 20 世纪 80 年代建立之初，就借鉴国外先进的管理理念和经验，着手设计组建长期观测数据质量管理体系。90 年代，生态站—专业分中心—综合中心—领导小组办公室/科学委员会 4 级质量管理机构基本建成，机构包括 29 个生态站、5 个专业分中心、1 个综合中心、领导小组办公室、科学委员会等。同时，确定了长期联网观测目标，制定了农田、森林、草地生态系统 3 套观测指标体系，统一配置了仪器设备，编写出版了生物、土壤、水分、大气、水体生态系统系列观测方法标准，组织了一系列培训。在此基础上，于 1998 年正式开始按照统一的指标和方法实施联网观测（赵剑平，1994；孙鸿烈等，2005，2009；傅伯杰等，2010）。

2002—2005 年，基于对前几年观测工作积累的经验和所发现的问题，在 CERN 科学委员会的指导下，综合中心和 5 个学科分中心共同开展了关键观测方法与技术的研究，完成了以下工作：对观测仪器设备进行了全面更新；对农田、森林、草地 3 套观测指标体系进行了修订；针对新增加的荒漠、沼泽生态系统研究站，新制定了 2 套观测指标体系；新制定了 CERN 全套数据规范，该规范不仅对数据表内容和格式进行了规定，并针对长期生态观测数据的特点，对元数据的内容和要求进行了明确规定；在原来方法标准丛书的基础上，编写出版了生物、土壤、水分、大气、水体生态系统系列观测规范。2005 年开始正式执行新的指标体系和方法规范，CERN 数据共享制度、考核制度、培训制度等相关制度也随之进行了完善，数据的完整性、规范性、准确性得到很大提升（陈宜瑜等，2009）。

经过 20 多年的不断完善，目前，CERN 已经具备相对完备和科学的数据质量管理体系。在组织机构方面，有生态站—专业分中心—综合中心—领导小组办公室/科学委员会 4 级质量管理机构，包括 40 个生态站（图 2-2）、5 个专业分中心、综合研究中心、领导小组办公室等 49 个结构单元（图 2-3）；质量管理文件方面，除了 CERN 管理章程、CERN 机构考核与评估办法、人员培训制度等制度性文件外，还有统一的观测指标、观测方法、观测规范、数据规范等指导观测及其质量管理过程的文件；资源方面，统一配置了相关观测仪器、基础设施、经费等；对数据获取、填报、审核各环节的质量保证和质量控制措施也有相应的规定。该质量管理体系的有效运行为 CERN 数据质量提供了有力保证。

CERN 目前的质量管理体系已经较为完备，然而与数据质量管理相关国际/国家标准、相关观测网络相比，还存在一定差距，其中一个比较突出的问题是 CERN 质量管理文件不够完备和系统。CERN 质量管理文件不完备的原因有两方面：其一，有些质量管理文件的内容已经在实际操作中得到执行和传承，但是没有文本化或者没有以质量管理文件的形式文本化。例如，CERN 数据管理体系构成与执行程序、生态站的观测工作实施及数据质控流程、部分观测项目的操作细节描述等，对于这部分质量文件，需要基于 CERN 统一规范和多年积累的实际运行经验，进行充分整理和文本化，以保证数据质量管理的规范化，使数据质量管理工作具有较好的延续性，减少人员变动对数据质量的影响。另有一些质量管理文件的缺乏，直接表现为质量管理中相关环节的薄弱，如某些项目观测方法操作细节混乱、缺乏数据质量要求及其检查与评价的规范性文件、制度文件不够健全等，对于这部分质量管理文件则需要基于研究，对相关内容进行充实和完善。本书针对 CERN 质量管理文件方面存在的问题，依据质量管理体系国家标准对质量管理文件的相关规定，对 CERN 生物观测质量管理文件体系各部分内容进行补充和完善。

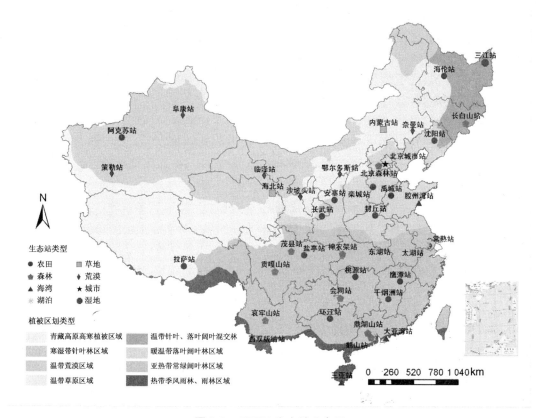

图 2-2 CERN 生态站分布图

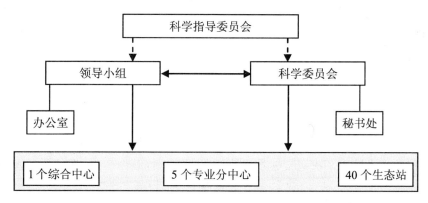

图 2-3 CERN 长期观测数据质量管理体系组织机构

2.2 CERN 生物长期观测质量目标

2.2.1 CERN 生物长期观测的内容

CERN 40 个生态站中有 35 个属于陆地生态站,分布于全国各地(见图 2-2),涵盖农田、森林、草地、荒漠、沼泽、城市 6 大类生态系统。其中,农田生态系统的生物观测内容包括：①农田环境要素；②作物种类组成；③复种指数与作物轮作体系；④主要作物肥料、农药、除草剂等投入量；⑤灌溉制度；⑥主要作物生育动态；⑦主要作物叶面积指数与地上生物量动态；⑧主要作物根生物量与根系分布；⑨主要作物收获期植株性状与测产；⑩作物产量与产值；⑪主要作物元素含量与热值；⑫土壤微生物；⑬病虫害记录。自然生态系统的生物观测内容包括：①植被类型、面积与分布；②生境要素；③植物群落种类组成与分层特征（包括生物量）；④凋落物的季节动态与现存量；⑤叶面积指数；⑥各层优势植物和凋落物的元素含量与热值；⑦群落动态与树种更新；⑧荒漠植物种子产量与土壤有效种子库；⑨短命植物生活周期；⑩物候；⑪植物空间分布格局变化；⑫动物种类与数量（包括昆虫、啮齿动物、鸟类、大型野生动物、沼泽底栖动物、家畜等）；⑬大型土壤动物种类与数量；⑭大型真菌种类与数量；⑮土壤微生物（吴冬秀等，2007）。

生态系统对人类具有供给、调节、支持等多方面的服务功能（张永民和赵士洞，2007），但由于气候变化、环境污染等原因，生态系统的结构和功能以及对人类的服务能力正在发生变化。生态系统核心成分生物群落关键参数长时间序列数据的获取，可以用于揭示生态系统变化规律和制定应对措施，这对于科学研究和政府决策都具有重要价值。

2.2.2 CERN 生物长期观测的特点

生物是生态系统的主体，由于生物本身的复杂性、多样性以及巨大的地域差异性，生物观测工作也极为复杂，其主要特点如下：

（1）观测指标多，涉及内容广，观测难度大。在生态站层面，观测对象涉及植物、动物、微生物等，涉及多个学科，对生态站人员配置要求高；在 CERN 网络层面，观测内容在不同生态系统类型或不同地域生态站之间差异较大，这对统一观测规范的制定具有一定的挑战性。

（2）数据类型多，数据规范的制定较为复杂。CERN 生物观测数据集共有表格约 80 个，包含字段 800 余个。

（3）数据获取过程多为人工观测与记录，对观测人员素质的依赖性大。

（4）数值变异范围大，数据审核和纠错难度大。

（5）没有相关行业或国家标准可以借鉴。对于生物长期观测而言，无论是观测指标、观测规范，还是数据规范、数据质量评价等都没有可以借鉴的相关标准。

生物观测的以上特点，决定了生物观测的质量控制难度大，也凸显了质量管理规范制定的重要性。

2.2.3 CERN 生物长期观测的质量目标

CERN 生物长期联网观测的质量目标是：通过有效的质量控制措施和质量保证体系，对中国不同区域典型陆地生态系统中的生物长期观测实施全过程的质量管理，获得完整的、质量可靠的，而且连续的、具有良好可比性的数据，数据能够真实、准确地反映生态系统中植物、动物、微生物现状与动态变化，为科学研究和政府决策提供基础数据和科学依据。

2.3 组织机构与职责分工

CERN 生物长期观测质量管理体系的组织机构由陆地生态站（35 个）、生物分中心、综合中心、CERN 领导小组、CERN 科学委员会、CERN 科学指导委员会等机构组成，这些机构可分为咨询机构、管理机构、执行机构 3 个层次（图 2-4）。CERN 科学指导委员会主要对 CERN 的学科方向和重大问题提供科学咨询，不参与 CERN 日常管理工作。因此，CERN 生物观测质量管理体系的职能主要由 35 个陆地生态站以及生物分中心、综合中心、CERN 领导小组和 CERN 科学委员会等共计 40 个机构完成，这些机构既有明确的分工，也相互协作，形成一个 4 级结构质量管理体系（图 2-5）。

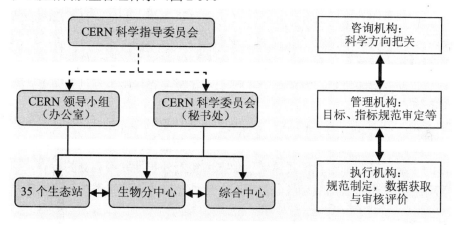

图 2-4　CERN 生物长期观测质量管理体系机构组成

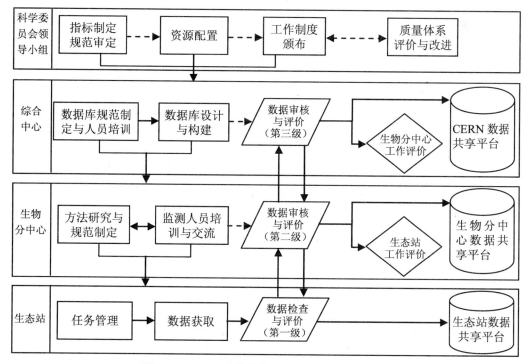

图 2-5　CERN 生物长期观测质量管理体系结构

CERN 领导小组和 CERN 科学委员会处于 CERN 生物长期观测质量管理体系的顶层，行使管理职能，主要负责观测指标的制定、观测规范的审定、资源的配置、规章制度的制定与发布、工作督察与质量管理体系评价与改进。CERN 领导小组下设办公室，是 CERN 的日常管理机构。CERN 数据的获取与审核工作由生态站、生物分中心、综合中心三级组织协同完成。

生态站是 CERN 长期观测工作的具体实施单位，是数据的生产者，它们是整个质量管理体系中的第一级。在 CERN 生物长期观测质量管理体系中，生态站的职责是实施数据获取过程中的质量管理工作，包括计划制定、数据获取、数据检查与纠错、数据质量自我评价、数据入库管理与共享等。CERN 生态站除了观测生态系统生物要素外，还需要观测土壤、水环境、大气三个要素，此外，还承担着研究与示范两大职能，是 CERN 的基石。

生物分中心是 CERN 设置的 5 个学科分中心之一，是质量管理体系中的第二级组织，主要负责生物观测方法研究与观测规范制定、生态站仪器采购规划与仪器标定、生态站观测人员培训与指导、数据审核、数据质量评价、生态站工作督察与评价、CERN 生物观测数据入库管理与共享等。

综合中心是 CERN 质量管理的第三级组织，主要负责数据库规范制定、数据审核、数据库设计、数据入库管理与共享、分中心工作督察与评估等。

CERN 的 4 级质量管理组织模式体现了生态系统野外长期联网观测的特点，这一管理组织模式充分考虑生态系统的复杂性、数据的多样性，以及长期生态系统研究的跨学科特点。

2.4 资源配置

为了保障质量管理体系的运行，必须配置充分且适宜的资源。"资源"涵盖面很广，包括资金配置、仪器设备配置、基础设施等。CERN 各个机构的资源配置主要由 CERN 领导小组办公室负责。此外，各个生态站、中心/分中心所在的研究所承担其办公实验空间、人员等方面的资源配置，为生物观测质量管理体系的运行提供基础保障，对于人员、仪器设备等资源管理还有待进一步完善，本书第 10 章将对此作详细介绍。

CERN 生态站一般配置 1 名主管观测的副站长、1 名生物观测负责人、数名观测人员、1 名数据管理员来完成生物观测质量管理工作。每年有一定额度的经费保证其日常运行，观测仪器设备、车辆等经由专项经费统一配置。每个生态站都有数个长期固定样地，以及可供办公、住宿和开展基本实验的房屋、水电等基础设施。

生物分中心和综合中心一般配置 1 名数据质控主管、1～2 名标准制定和数据审核员、多名数据管理员完成其生物观测质量管理工作，每年拨有一定额度经费保证其日常运行。此外，生物分中心配置比较完备的生物观测仪器和室内样品分析仪器，以完成生态站样品的高难项目测试、观测仪器标定、观测方法比较研究等。

2.5 过程管理

质量管理体系是由一系列活动和一系列过程环节组成的，因此质量管理体系的有效实施必须通过其所有过程与环节的有效实施来实现，即实施过程管理。过程管理是现代管理学最基本的概念之一，是管理学的核心理念。CERN 的生物观测工作是一个复杂的数据生产过程，包括观测指标制定、方法规范制定、样地设置与维护、数据获取与检查、数据审核与质量评价、数据建库与共享等众多过程环节，所有这些环节都涉及人员（实施主体）、流程、方法技术、信息管理四个方面，其中信息管理，主要强调对实施过程以及结果的完整记录和存档，是质量管理体系文件的重要组成部分。此外，每个过程环节的工作督察与评价也是重要的管理活动。只有对所有环节进行有效的质量管理，才有可能保证野外观测所获取的数据能够达到预期质量目标，能真实、准确地反映生态系统现状与动态。因此，CERN 非常重视对观测过程的管理，制定了一系列规范和制度（董鸣，1996；吴冬秀等，2007），本书的第 3～10 章即是对有关规范的进一步完善。

2.5.1　生物观测指标和规范制定

生物观测指标的制定由生物分中心配合 CERN 科学委员会组织相关专家制定，科学委员会审核通过后，由 CERN 领导小组办公室颁布执行。生物观测方法和观测规范由生物分中心组织相关专家制定，科学委员会审定后，由生物分中心发布执行。指标和观测规范制定的原则见《陆地生态系统生物观测规范》第 2 章（吴冬秀等，2007），指标与观测规范的制定与修订过程需要记录、存档。

2.5.2　样地设置与维护

样地的设置由生态站组织相关人员完成，样地选择的科学性是保证观测数据质量的基础，需要高度重视。生态站样地的布局、样地选择和设置要按照《陆地生态系统生物观测规范》第 2 章中的规范要求进行。生态站的样地布局确定后须经科学委员会审定通过。样地建立后，要按照规范要求进行维护和管理，生物分中心负责对样地维护与管理情况进行定期督察。样地设置前的植被和土壤背景信息、样地设置过程及样地的各项初始信息、样地管理过程等需要详细记录并存档。详细内容参见《陆地生态系统生物观测规范》第 2 章和本书第 5 章、第 10 章相关内容。

2.5.3　数据获取与检查

数据的获取与检查由生态站完成，具体流程包括任务管理、野外观测与采样、样品保存、室内样品分析测试、数据记录、原始记录检查、数据录入、数据检查、数据自我评价、数据上报、过程记录整理与存档等。

任务管理：任务管理指生态站根据观测指标文件，对近几年或当年观测工作的计划，包括观测内容细化、人员安排、仪器设备准备、记录表定制等，一般由生态站生物观测主管负责。完善的任务管理有助于观测任务有序、高效地完成，避免盲目性、随意性，从而为数据质量提供保证。任务管理的方法与内容要求由生物分中心制定，参见本书第 4 章。

野外观测与采样、样品保存、样品分析测试、数据记录：由生态站观测主管带领观测员完成，相关方法和观测规范由生物分中心制定，参见《陆地生物群落调查观测与分析》、《陆地生态系统生物观测规范》和本书的第 5 章、第 6 章。

原始记录检查：由生态站观测主管和观测员共同完成，原始记录要及时进行检查，以便及时发现问题、及时纠正。

数据录入：经过检查的原始记录需要录入统一规范的数据表，由生态站观测员和数据管理员完成，数据规范由生物分中心和综合中心制定，录入过程需要通过一定措施避免录入错误，参见本书第 7 章。

数据检查、数据自我评价：由生态站生物观测负责人带领观测员、数据管理员共同完成，相关方法与要求参见本书第 7 章、第 8 章。

数据上报：由生态站数据管理员完成，数据检查评价完成后，上报给生物分中心进行专业审核。相关方法与要求参见本书第 7 章、第 8 章。

过程记录整理与存档等：由生态站观测主管带领观测员、数据管理员共同完成，数据管理员负责档案管理。相关方法与要求参见本书第 5～7 章。

2.5.4 数据审核与质量评价

生物观测数据的专业审核与质量评价由生物分中心完成，对审核发现的问题需要及时与生态站核实，并由生态站进行纠正，审核完成后对每个生态站数据进行质量评价，上报综合中心。综合中心再对数据进行综合审核。CERN 的数据审核和评价进行了很多年，但大多基于经验，缺乏系统的数据质量审核和评价指标体系，审核和评价方法相对粗放，不利于数据质量的有效管理。本书第 8～9 章对数据审核和评价方法与要求进行了初步规范，图 2-6 显示的是 CERN 生物观测数据填报与审核的工作流程图。

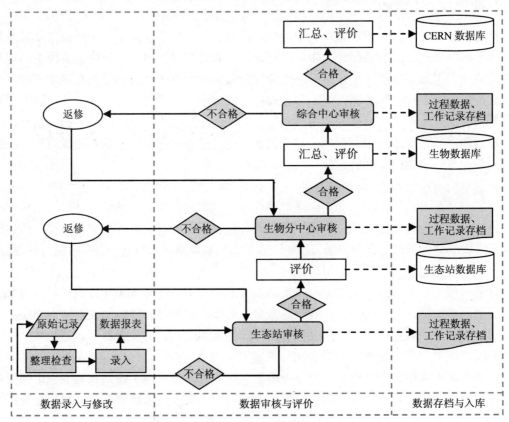

图 2-6 CERN 生物观测数据填报与审核的工作流程

2.5.5 数据建库与共享

数据建库与共享由综合中心、生物分中心和生态站协同完成，综合中心负责制定数据库规范、设计和构建数据库。生物分中心负责制定生物观测数据及数据表规范。数据经过三级审核后，在综合中心、生物分中心、生态站分别入库，实现数据的分布式管理与共享（http://www.cerndata.ac.cn/，http://159.226.89.77:8080/cern_biocenter）。CERN 生物观测数据内容与规范见《陆地生态系统生物观测规范》第 11 章（吴冬秀等，2007）。CERN 数据共享制度发布于 CERN 网页（http://www.cern.ac.cn）。

2.5.6 工作督察与评价

生物长期观测包括很多环节，人员技能、操作流程、方法技术、信息记录等是直接影响数据质量的四个主要方面。因此，操作人员是否具有相关技能，是否严格按照质量管理文件要求的流程和方法规范操作并记录完整的结果和过程信息，是否完成指标体系规定的全部观测任务，是关系到生物观测数据质量的关键。为了促使质量管理活动得到切实落实，保证质量管理体系的有效运行，需要建立完备的督察制度。CERN 质量管理体系通过发布的生态站/中心考核文件，建立了生物分中心对生态站、综合中心对生物分中心的考核制度。此外，各机构每年年底通过年度总结的形式进行自我评价。然而，对各个机构内部以及机构之间的工作督察与评价内容、方法、流程、结果描述、督察结果使用等缺乏明确规定，缺乏有效的质量监督措施，如质量巡查、实验室对比等，对观测过程中的生产者活动是否遵循了质量管理程序缺乏有效的监督机制，因此工作督察与评价制度有待完善。本书第 10 章对此进行了初步规定。

2.6 质量管理文件

按照质量管理体系国家标准对质量文件的定义，CERN 生物观测质量管理体系文件可以分为质量手册、程序文件、作业指导书、记录表四类。其中，质量手册类文件有"中国生态系统研究网络章程"、本书第 2.2～2.5 节等。程序文件有"中国生态系统研究网络科学委员会工作条例"、"中国生态系统研究网络考核与评估办法"、"中国科学院生态系统研究网络数据共享和管理条例"以及《陆地生态系统生物观测规范》的部分章节、本书部分章节。作业指导书类文件包括《陆地生物群落调查观测与分析》（董鸣，1996）、《陆地生态系统生物观测规范》的部分章节（吴冬秀等，2007）、本书部分章节，以及可供参考的各类观测方法文献和工具书、生态站自己总结整理的相关经验等。此外，为了给各生态站观测人员提供一个统一规范的、操作性强的、持续有效的执行蓝本，减少人员变动的影响，2008—2010 年生物分中心组织各生态站编写了"生态站生物长期监测质量管理手册"（附表 2-1）。记录类的质量管理文件包括各类原始记录表、各环节工作过程记录、各类背景信息记录、数据志书等。按照数据质量管理体系的要求，所有质量管理文件都需要做好存档管理。

参考文献

[1] 陈宜瑜，于贵瑞，欧阳华，等. 2009. 生态系统定位研究[M]. 北京：科学出版社，33-38.

[2] 董鸣. 1996. 陆地生物群落调查观测与分析[M]. 北京：中国标准出版社.

[3] 吴冬秀，韦文珊，张淑敏，等. 2007. 陆地生态系统生物观测规范[M]. 北京：中国环境科学出版社.

[4] 孙鸿烈，沈善敏，陈灵芝，等. 2005. 中国生态系统[M]. 北京：科学出版社，1785-1822.

[5] 孙鸿烈，于贵瑞，沈善敏，等. 2009. 生态系统综合研究[M]. 北京：科学出版社，1-22.

[6] 张永民（译），赵士洞（审校）. 2007. 生态系统与人类福祉[M]. 北京：中国环境科学出版社.

[7] FU B J(傅伯杰)，LI S G(李胜功)，YU X B(于秀波)，et al. 2010. Chinese ecosystem research network：Progress and perspectives [J]. Ecological Complexity，7：225-233.

[8] ZHAO J P（赵剑平）. 1994. The Chinese ecological research network [J]. Chinese Geographic Science，4：81-94.

[9] http：//www.cern.ac.cn.

[10] http：//www.cerndata.ac.cn/.

[11] http：//159.226.89.77：8080/cern_biocenter.

附表 2-1

"_____站生物长期监测质量管理手册"大纲

1 质量管理任务和目标
　1.1 应用范围与术语
　1.2 本站生物监测任务
　　1.2.1 本站概况
　　1.2.2 生物长期监测任务
　1.3 质量管理的目标
　1.4 质量管理组织
　　1.4.1 本站质量管理体系的构成与流程
　　1.4.2 生物监测任务的实施安排
　　1.4.3 人员配置及其岗位职责
　　1.4.4 人员培训与资格认证制度
　1.5 质量管理监督制度
2 生物长期监测（长期实验）样地设置和管理
　2.1 样地的设置
　2.2 采样背景调查
　2.3 样地的采样/实验设计
　2.4 样地的管理

3 生物观测数据质量要求[*]

数据质量可以定义为"数据的一组固有特性满足要求的程度"或"使用的适合性"。该定义难以直接用于清晰描述和评价数据质量的高低。为了对数据质量进行度量与评价，必须首先明确可以从哪些方面描述数据质量？数据质量的具体要求是什么？即数据质量描述框架。对于数据质量的描述，在数据质量研究领域已开展广泛的研究，提出了不同的描述方案。不同学者采用的术语也不尽相同，如美国麻省理工学院使用"类"及"域"（Domain）表示，国际标准化组织地理信息技术委员会（ISO/TC 211）则用"数据质量元素"及"子元素"表达（ISO TC 211；姜作勤，2004），但更多的是用"数据质量维度"（Data Quality Dimensions）表示。因此，本书也采用数据质量维度概念。

数据质量维度指一组表达数据质量构成或数据质量某一方面的属性，也称作数据质量元素，或称为数据质量衡量指标、数据质量属性等。质量要求的维度体系是数据质量度量和评价的基础，并影响数据质量的有效控制，是数据质量研究中的首要问题。因此，针对生物长期观测数据的特点，构建质量维度体系对数据质量管理具有非常重要的意义。

1998 年 CERN 各生态站就开始进行生物联网观测并上报数据，在数据获取和审核中，对数据质量有一些基本的要求，比如要求数据真实、具有代表性、数据完整、数据之间不矛盾、数据之间可比等。2004 年开始要求对数据的完整性、一致性进行评价，但对完整性、一致性的含义没有给予明确定义。鉴于此，作者在文献研究基础上，对 CERN 十多年的数据质量控制和审验经验进行总结，提出一个生物观测数据质量维度体系方案。

3.1 数据质量维度研究进展

在数据质量研究领域，数据质量维度是研究的热点之一，提出了多种分类方案和维度体系。其中，在麻省理工学院 Richard Wang 领导下的全面数据质量管理项目组对数据质量概念和描述框架进行了深入研究，取得了该领域具有开拓性的研究成果（Redman，1996；Batini & Scannapieco，2006）。

---

* 编写：吴冬秀（中国科学院植物研究所）。

　审稿：胡良霖（中国科学院计算机网络信息中心），梁银丽（中国科学院水利部水土保持研究所），谢宗强（中国科学院植物研究所）。

3.1.1 理论研究进展

高质量的数据一般要求数据真实、完整、一致，因此，传统的数据质量要素一般包括：准确性、完整性、一致性和唯一性。然而，不同的领域对数据质量的要求不同。文献中对数据质量的研究方法可以分为三类：①直观方法；②理论方法；③经验方法（Wang & Strong，1996）。本节将按照时间顺序，对数据质量维度研究进展进行介绍。

数据质量维度研究主要起始于 20 世纪 90 年代，早期的研究侧重于提出一套概念性的数据质量维度框架，而对数据质量维度指标的度量考虑较少。如 Aebi 和 Perrochon（1993）从理论的角度对信息系统的数据质量维度进行研究，他把信息系统对现实的描述方式称为模式（Schema），提出信息系统中的数据质量维度包括：模式中个体实例与模式整体之间的一致性（Consistency），以及模式对现实描述的正确性（Correctness）、完整性（Completeness）、最小性（Minimality）。如果一个信息系统能够用最少的变量，正确、完整地反映现实对象，而且信息系统内部具有良好一致性，则该系统的数据质量就较高。Aebi 和 Perrochon（1993）提出的质量维度框架比较早，并被广泛引用，然而，不同的学者对以上四个维度术语的诠释各不相同。

Wand 和 Wang（1996）也是从理论的角度研究数据质量，他们认为理论上信息系统应该准确地表示现实世界，如果发生偏离就会导致数据缺陷。他们把数据缺陷分为设计缺陷和操作缺陷，其中又把设计缺陷分为三类，操作缺陷分为一类：歪曲。基于这些缺陷，他们从以下四个方面来衡量信息系统的数据质量：信息是否完整（Complete）、是否指代明确（Unambiguous）、是否有明确含义（Meaningful）、是否正确（Correct）（表 3-1）。可以看出，Wand 和 Wang 提出的数据质量维度框架是针对信息系统的整体而言，而且主要是概念性的。

表 3-1 Wand 和 Wang（1996）提出的数据质量维度框架

维度名称	对应的数据缺陷
完整	信息系统没有显示现实世界的全部信息要素
指代明确	信息系统的一个数据对应现实世界的多个状态，致使指代不明确
含义明确	信息系统的某些数据在现实世界中不存在对应状态，致使数据没有意义
正确	信息错误，与事实不符（歪曲）

Redman（1996）采用直观方法把数据质量维度分为概念模型维度（Conceptual View Dimensions）、数值维度（Data Values Dimensions）、数据格式维度（Data Format Dimensions）三类，共包含 27 个具体的质量维度（表 3-2）。

Wang 和 Strong（1996）采用调查问卷的方法，提出了一个由 15 个质量维度组成的数据质量描述框架，这 15 个质量维度归为以下 4 个大类：本征（Intrinsic）、应用（Contextual）、表达（Representational）、可访问性（Accessibility）（表 3-3）。该质量维度框架在数据质量研究领域被广为采纳和引用，在国内亦被广泛引用。

表 3-2　Redman（1996）提出的数据质量维度体系

类别	维度名称	定义
概念模型	相关性	提供的数据是应用所需要的
	易获得性	数值容易获取
	定义清晰性	每个术语定义清楚
	全面性	包含所有需要的数据
	必要性	包含的数据都是需要的
	属性粒度（Attribute granularity）	属性的定义详细度（属性的数量和覆盖范围）对应用恰到好处
	值域精度	测量或分类精度满足用户需求
	自然性	每个项目对现实世界而言都是存在的
	可识别性	每个实体可容易而且唯一辨识
	同质性	同类实体中尽可能使用相同的属性
	最小冗余	不必要的冗余应保持在最低水平
	语义一致	概念模型应该清楚、明确、一致
	结构一致性	实体类型和属性应尽可能具有相同的基本结构
	鲁棒性（Robustness）	概念模型应该足够宽泛，不需要总是随着应用情景改变而改变
	可塑性	需要改变时，概念模型可以改变
数值	准确性	指数据的值与真值的近似程度
	完整性	指数据集中数值的完整程度，可分为实体完整性和属性完整性
	现时性	指数值的更新程度
	一致性	指两个或多个项目彼此之间不矛盾
数据格式	适合性	指格式对用户需求的适合程度
	可解释性	指用户可以正确理解数值表示的程度
	可移植性	指格式对不同情境的普适性
	格式精度	指值域元素的分辨性
	格式可塑性	格式可以根据用户需求改变
	表达空值的能力	对不同的空值情形提供了不同的表达
	介质利用率	对数据储存介质的高效利用
	表达一致性	指数据的物理实例与格式一致

表 3-3　Wang 和 Strong（1996）提出的数据质量维度体系

类别	维度名称	定义
本征	可信度	数据的真实、可信程度
	准确度	数据的正确、可靠、没有错误的程度
	客观性	数据的客观、不带偏见的程度
	信誉	在数据的来源和内容方面，信誉度高
应用	增值性	数据对使用者有价值
	相关性	数据与使用者的任务相关
	适时性	数据在时间方面适合使用者的任务需求
	完整性	数据的深度、广度和范围满足使用者的任务需要
	合适的数据量	数据量适合使用者的任务需要

类别	维度名称	定义
表达	可解释性	指数据用合适的语言、单位表示，数据定义清晰
	易懂性	数据表示明确，容易理解
	表达一致性	数据用同样的格式展示，与以前的兼容
	表达简明	数据表达简洁
可访问性	可访问性	数据可得到或可容易快速检索到
	访问的安全性	对数据的访问通过一定的限制条件保证数据安全

以上的数据质量描述框架中，很多数据质量维度的指标往往比较抽象或者综合，难以进行度量，为了提高数据质量维度研究对数据质量度量、评价、改善的实质性指导作用，21 世纪以来，很多学者基于不同的考虑，对数据质量属性进行归类，进而提出了不同的数据质量维度体系。如 Rahm 等（2000）提出数据质量与数据所处的环境密切相关，他将数据质量问题分为 4 类：单数据源模式层问题、单数据源实例层问题、多数据源模式层问题、多数据源实例层问题，并从数据用户的角度将与数据质量相关的 118 个属性归为以上 4 个大类共 15 个属性。Loshin（2001）则把数据质量要求分解为一系列质量维度的同时，针对每个质量维度进行定义并设定测量指标。他把数据质量维度归为 5 大类、36 项，5 个类别分别是：数据模型（Data Models）、数值（Data Values）、信息值域（Information Domains）、数据表示（Data Presentation）、信息政策（Information Policy）（表 3-4）。其中，数据模型指数据的逻辑信息框架，描述数据集中所反映的客体（Objects）、客体的属性、不同客体之间的关系。因此，在数据集中，首先要考虑数据模型对用户信息需求的适合度，其次才考虑数值的质量。Loshin 的质量维度框架也是针对信息系统的，在某种意义上是 Wang 和 Strong（1996）质量框架的完善和发展，其分类方式比 Wang 和 Strong（1996）的质量框架更加清晰和科学，该系统目前国内引用较少。

陈远等（2004）认为信息系统数据质量可以用正确性、准确性、不矛盾性、一致性、完整性和集成性来描述。杨青云等（2004）指出，在描述数据质量时，要根据具体的数据质量需求对数据质量指标进行相应的取舍，数据质量描述至少应该包含以下两方面的基本指标：①数据对用户必须是可信的，具体包括精确性、完整性、一致性、有效性、唯一性等指标。其中，精确性描述数据是否与其对应的客观实体的特征相一致；完整性描述数据是否存在缺失记录或缺失字段；一致性描述同一实体的同一属性的值在不同的系统或数据集中是否一致；有效性描述数据是否满足用户定义的条件或在一定的阈值范围内；唯一性描述数据是否存在重复记录。②数据对用户必须是可用的，具体包括时间性（Timely）、稳定性（Volatile）等指标，其中，时间性描述数据是当前数据还是历史数据；稳定性描述数据是否是稳定的，是否在其有效期内。

Batini 和 Scannapieco（2006）对数据质量维度文献进行了比较全面的综述，并重点介绍了 19 个数据质量维度，归为数值维度（Data Dimensions）、模型维度（Schema Dimensions）两大类（表 3-5）。他们在描述时，把每个质量维度给出一个或多个独立的质量指标（Metrics），每个质量指标提出一个或多个检测方法，每个检测方法都给出了特定的检测情境、检测范围、检测设备、检测结果展示方式。

表 3-4　Loshin（2001）提出的数据质量维度体系

类别	维度名称	定义
数据模型	定义清晰	主要指对系统中的表、字段、关系进行语义清晰的定义。包括对数据模型的组成进行清晰描述、给数据表和属性赋予语义明确、没有歧义的名称
	全面性	指数据模型涵盖的范围能满足用户现在和将来的需要
	可塑性	数据模型为适应新用户需求而改变的能力
	鲁棒性	数据模型对不同需求的适应程度
	必要性	不包含额外的多余信息
	属性粒度	指用于反映一个概念的客体数量多少
	值域精度	指单个属性的取值范围和数量
	同质性	指一个数据模型只用于储存同类实体
	自然性	指属性与现实客观世界具有很好的对应性
	可识别性	指数据集中每个实体都可唯一识别
	易获得性	指各属性信息的收集和储存的难度
	相关性	指属性对用户需求的相关性
	简明性	指属性定义、属性之间的关系、模型描述简单，好理解，不容易出错
	语义一致性	指对属性的定义一致
	结构一致性	指相似属性值表示方式的一致性
数值	准确性	指数值与真值的符合程度
	缺失值	指缺失的数值
	完整性	指属性值的完整程度
	一致性	指数值之间的一致性，包括属性数值与属性定义之间、属性内部数值之间、不同属性数值之间是否一致
	现时性	指信息反映客体最新状态的程度
	及时性	指及时获得期望信息的时间长度
信息值域	值域协议的权威性	指数据值域为不同企业所认同
	值域信息管理	指有专门的人员负责管理和更新数据取值范围
	普适性（数据、数据标准）	指值域协议在企业内部部门之间的普适性
数据表示	合适性	指数据表示的格式和方式符合用户需求的程度
	正确说明	指对数据表示中相关信息提供正确、详细的说明，如对图表中符号、图例的说明
	可塑性	指数据表示方式随着需要或用户需求而变化的能力
	格式精度	指数据表示精度与其实际精度符合程度
	可移植性	指数据表示的设计尽可能采用国际标准和通用图标，使其在不同数据平台中都能够显示和使用
	表达一致性	指数据实例与数据值域一致，并与相似属性值阈一致
	缺失值表示	用不同的方式表示不同的缺失值情形
	存储利用	指对存储媒体的有效利用
信息政策	可访问性	指访问信息的容易程度
	元数据管理	指机构应有统一的元数据框架
	隐私管理	对涉及隐私的信息予以特别保护
	冗余管理	指多备份数值的获取与保存
	安全性	指保护数据免受破坏或更改
	单位成本	指数据获取、数据质量保持、数据储存、信息维护等过程中发生的所有费用

表 3-5　Batini 和 Scannapieco（2006）提出的数据质量维度体系

类别	维度名称	定义
数值维度	准确性	指一个数值 v 与其真值 v′的接近程度。包括句法准确性、语义准确性
	完整性	指数据在广度、深度和范围方面对使用者应用需求满足程度，包括模型完整性、列完整性、群体完整性
	现时性	指数据更新的及时性
	稳定性	指数据随着时间而变化的频度
	及时性	指数据对现任务需求在时间上的满足程度
	一致性	指对数据项语义规则的符合程度
	可解释性	指数据具有相关文件和元数据，可以正确解释数据源相关特征
	不同时间序列之间的同步性	指不同时间数据之间的适当整合
	可访问性	指数据被用户访问的容易度
	可信度	指信息源所提供数据的真实、可信程度
	信息源信誉	指信息源值得信赖的程度
	客观性	指数据源在提供数据时的公正性
模型维度	模型选择的正确性	指表达现实要求时对模型类型的正确选择
	模型使用的正确性	指模型对现实要求的正确表达
	最小性	指模型只包含必需的元素，没有冗余项
	完整性	指概念模型包含所有必需的元素
	针对性	指概念模型包含非必需元素的程度
	可读性	指模型用清楚的方式，并明确表达意思的程度
	正规性	指采用通行和直观的方式来描述模型的函数依赖关系结构

值得注意的是，Batini 和 Scannapieco（2006）的数据质量维度体系中，包含一个"可解释性"维度，该维度的内涵与 Wang 和 Strong（1996）的文章中的"可解释性"不同，主要指数据具有用于正确解读数据源的相关含义和特征的文件和元数据。并指出，为了最大限度地提高可解释性，需要提供以下文件：

（1）用于解释文档或数据库的概念模型；

（2）数据完整性约束；

（3）完整的描述信息源各方面信息的元数据，比如：生产者、主题、描述、发布者、日期、格式、来源、语言等 Dublin 核心元数据（参见 http://dublincore.org）；

（4）在数据维度和模型维度方面所采取的质量控制措施证书；

（5）关于数据历史、来源的信息，如哪儿生产、如何生产，如何保存和维护。

3.1.2　应用领域进展

在众多的数据质量研究成果中，部分已经发展成为行业或国际标准，其中最具影响的是国际标准化组织发布的地理信息质量系列标准（ISO 19113；ISO 19114）、国际货币基金组织的数据质量评价框架。这些质量标准已经在相关领域内得到了广泛应用（姜作勤，2004；胡良霖、侯玉芳，2006）。

3.1.2.1 地理信息质量标准

地理信息质量的国际标准（ISO 19113）和中国国家标准提出的地理信息质量描述框架，把数据质量分解为数据质量量化元素和非量化元素两大类。数据质量量化元素是数据集质量的定量部分，说明数据集对规定的符合程度，并提供定量的质量信息。数据质量非量化元素提供一般的定性说明信息（姜作勤，2004；蒋景瞳等，2008）。数据质量量化元素包含 5 个元素，这些量化元素又细分为数量不等的子元素，共 15 个，用于描述数据质量量化元素的一个特定方面的数据质量。数据质量非量化元素描述数据集的定性质量，包括目的、使用情况、数据志三方面的质量（表 3-6）。

表 3-6 地理信息质量标准

类别	元素	元素含义描述	子元素	子元素含义描述
量化元素	完整性	描述要素、要素属性和要素关系的存在状况，判别是否有多余或缺失现象	多余	说明数据中含有多余的数据
			遗漏	说明数据中缺少应该包含的数据
	逻辑一致性	描述数据对规定的数据结构、属性及关系的逻辑规则的符合程度	概念一致性	说明数据对概念模式规则的遵循程度
			域一致性	说明数据的值符合值域的情况
			格式一致性	说明数据存储格式符合数据集物理结构的程度
			拓扑一致性	说明数据拓扑特征编码的正确性
	位置准确度	描述数据中要素位置与其真值的偏离程度	绝对或外部准确度	说明数据中的坐标值与可接受值或真值的接近程度
			相对或内部准确度	说明数据中要素的相对位置与各自可接受的或真实的相对位置的接近程度
			网格数据位置准确度	说明网格数据位置值与可接受值或真值的接近程度
	时间准确度	描述数据中要素时间属性和时间关系的准确程度	时间度量准确度	记录时间度量误差，说明时间参照的正确性
			时间一致性	说明有序的事件或顺序的正确性
			时间有效性	说明与时间有关数据的有效性
	专题准确度	描述数据中要素分类及其关系的正确性，要素属性的正确性	分类正确性	说明赋给要素或其属性类型的正确性
			非量化属性正确性	说明非量化属性值阐述的正确性
			量化属性准确度	说明量化属性值的准确度
非量化元素	目的	说明建立数据集的原因和数据集预期的用途		
	使用情况	说明各种不同的用户对数据集已经实现的实际应用情况和对数据质量的评判		
	数据志	尽可能详细地描述数据的历史沿革，即从采集、获取、编辑和处理，直接到其当前状况的生命周期。数据志可以包含两个独立的组成部分	数据源	说明数据采集所依据的来源信息
			处理步骤或历史信息	说明数据集建立过程中发生的事件或转换记录，包括是否持续地或周期性地对数据集进行更新维护处理，以及起止时间

3.1.2.2 其他应用领域的数据质量维度

众多应用领域都建立了数据质量维度体系，如土地调查数据质量主要包括：真实性、现势性、正确性、一致性和完整性（任向红和仇生泉，2008）。从长期生态学数据的可用性考虑，CERN 土壤分中心把数据的精密度、准确度、逻辑一致性等定量指标和元数据的完整性等非定量指标作为土壤长期观测数据质量的核心指标（施建平和杨林章，2008）。随着数据共享的越来越普遍，很多机构和组织从满足用户需要的角度出发，设定了数据质量标准。如国际金融基金会统计部经研究提出的数据质量描述框架（Carson，2000）包括产品质量与制度质量两大方面，分为 5 个域进行描述：完整性、概念一致性、准确度、服务性及可访问性，每个域再细分为若干元素及指示元素。此外国际货币基金组织、美国联邦政府等对数据质量描述都有明确的规定（表 3-7）（OMB Guidelines，2003；姜作勤，2004；商广娟，2004；DOD Guidelines，2004）。

表 3-7　部分组织和机构对数据质量要求的描述

组织名称	数据质量描述框架
国际金融基金会统计部	完整性、概念一致性、准确度、服务性及可访问性
国际货币基金组织	准确性、适用性、可获取性、方法专业性或完全性
美国联邦政府	实用性、客观性（准确、可靠、清晰、完整、无歧义）、安全性
美国国防部	准确度、完整性、一致性、现势性、主键唯一性及值域有效性
美国商务部	可比性、准确性、适用性
欧盟统计局	适用性、准确性、及时性、可获取性、衔接性、可比性、方法专业性或完全性

3.1.3 质量维度术语应用分析

对以前文献的综述可以看出，绝大多数的数据质量维度方案是针对信息系统或者是网络数据库，文献中涉及的质量维度术语很多，有些维度的重要性得到广泛认同（附表 3-1），但无论是研究人员还是数据质量的从业人员，都未对数据质量维度集以及每个维度的具体定义形成共识。实际上，由于数据质量依赖具体的领域和使用数据的个体，没有必要建立一套广泛接受的完整的数据质量维度，而在特定的背景中识别数据质量维度是有价值的（宋敏、覃正，2007）。

文献中，质量维度的定义往往是描述性语句，而且语义存在争议，没有统一的意见，因此既不规范，也不可检测（Batini & Scannapieco，2006）。如与时间有关的数据质量维度，经常出现同样的术语含义不一，或者相同含义采用了不同的术语等情况（表 3-8），完整性的含义一致性相对较高，但也不完全一样（Batini & Scannapieco，2006）。因此，对于特定领域的数据质量维度集，应尽可能采用通用术语，并针对领域特点明确界定术语的含义，这是非常有必要的。

在实际操作中，数据质量维度的获得经常相互影响，因此对数据质量的要求不能求全责备，经常需要在数据质量要求之间作出权衡，如及时性往往和准确性、完整性、一致性相制约，因为为了提高数据准确性（或完整性，或一致性）所做的检测和其他措施会耗费更多的时间，这势必影响及时性。

表 3-8　与时间有关的部分数据质量维度术语比较

序号	质量维度	含义描述	文献	解析
1	适时性	在所要求的指定的时间提供一个或多个数据项的程度	陈伟等，2008	术语与序号 2 一致，但含义与序号 3 近似
2	适时性	数据在时间方面对用户需求的合适性	Wang & Strong，1996；姜作勤，2004；商广娟，2004；陈苏等，2005；宋敏、覃正，2007	术语与序号 1 一致，但含义不同
3	时间性	在需要时或指定时间提供的数据项或多个项，如一个指定阈值时间帧（例如天或小时）内可获取的数据比率	方幼林等，2003	术语与序号 4 一致，但含义与序号 1 近似
4	时间性	描述数据是当前数据还是历史数据	杨青云等，2004	术语与序号 3 一致，但含义不同

3.2　生物长期观测数据质量维度体系构建

3.2.1　生物长期观测数据的特点

生物长期观测是通过对生态系统中重要生物组分的长期、持续观测，开展对生态系统中复杂的、缓慢变化现象和过程的研究，因此，生物长期观测数据除了一般数据的质量要求外，特别强调以下特点：

（1）空间上的代表性。生物长期观测的观测样地应能够代表区域空间尺度上典型生态系统类型。

（2）时间上的延续性。生物长期观测一般是针对特定生态系统过程进行长时间的持续观测和研究，因此在相对固定的观测点，进行连续观测至关重要。

（3）空间尺度上的扩展性。单观测点的数据常常具有某种程度的不确定性和空间尺度上的局限性。因此，生物长期观测往往开展多个观测点的联网观测，并将不同观测点之间的数据和结果加以整合，从而使其空间尺度扩展到更大的范围。

（4）观测内容和方法的一致性。为了保证数据之间的具有良好可比性，生物长期观测一般要求观测内容和方法在不同时间和站点之间保持一致。

（5）观测数据的规范性与共享性。除了观测内容和方法需要统一，生物长期观测往往要求数据格式在时间序列上和站点间规范、统一，以保证数据的规范性，方便数据共享。

3.2.2　构建思路

3.2.2.1　构建思路与原则

数据质量维度可以按照不同的分类方法，分成不同的类别，在综合文献分类方法和考虑生物观测数据特点的基础上，本书把生物观测数据质量维度分成关于数据本征、元数据、数据表示、数据访问、用户特定需求满意度五大类。为了避免出现一词多义或多词一义现象，尽量明确界定各数据质量维度的定义与具体内涵，并尽可能列举出每个质量维度的所有含义，并用实例说明。术语界定尽可能兼顾数据质量理论文献惯用含义和生物观测领域的含义理解。为了使所构建的数据质量维度体系兼具科学性与可操作性、通用性与针对性，在构建生物长期观测数据质量维度体系时主要遵循以下原则：

（1）围绕 CERN 生物长期观测内容和质量目标选择质量维度。

（2）鉴于数据质量要求维度体系是随着数据对象的不同阶段而不同，本维度体系针对的数据对象为审核后的 CERN 生物数据集。

（3）选择质量维度术语时，尽可能借鉴数据质量研究领域的通用术语，同时又充分考虑生物观测数据特点。

（4）区分数据质量维度的不同级别和类型，重点关注直接反映数据本身质量的基本指标。

（5）数据质量要求可以分成不同级别，目前的维度体系的确定主要基于现有条件，首先考虑最重要的、可实现的质量维度。

3.2.2.2 质量维度术语选择

文献中提到的数据质量维度术语很多，但很多术语实际上在层次或描述特征上是不对等的。如：有些质量维度术语实际上为多个维度的综合，如数据的客观性、可靠性，取决于多个维度元素。对此，在构建数据质量维度体系时原则上只考虑基本的维度。部分数据质量维度实际上不是表征数据质量的特性，而是数据质量的影响因子，如方法专业性、信息源信誉等，对此，只考虑数据质量维度本身，间接影响因子不作为数据质量维度。有些数据质量维度是大多数用户普遍关注的，而且要求相对一致，如对准确性和可访问性的要求，而有些数据质量维度更多地依赖于特定用户的具体需求，如数据量的合适性、时间粒度合适性等，对此，本书原则上只考虑前者。

3.2.3 构建过程

首先，通过查阅文献，充分了解数据质量理论研究进展，以及描述数据质量维度的相关术语及其含义。基于对国内外数据质量维度相关研究进展的了解，针对生物观测数据特点，把数据质量维度分为关于数据本征、元数据特征、数据表示、数据访问、用户特定需求 5 大类，从文献中遴选重要、适合于生物观测数据质量描述的维度术语，包括准确性、完整性、一致性、可比性、代表性、及时性、元数据完整性、数据志记录完整性、概念定义清晰准确、概念一致性、命名法（术语）权威、可访问性、访问安全性共 13 个维度。

其次，为了解 CERN 内外相关专家对生物观测数据的质量要求，在 CERN 生态站及相关范围，发放生物观测数据质量维度调查问卷（附表 3-2），并召开专家会议，受调查人员包括数据生产者、管理者、使用者，以及其他科研人员，共收到返回调查表约 125 份，来自 32 个单位。调查汇总表见附表 3-3。对比分析排名前 15 位的数据质量维度可以看出，除了数据准确性、一致性、完整性等共同质量维度外，生物长期观测领域科研人员特别关注的数据质量特征有：代表性、可比性、元数据完整性、术语（命名法）一致与权威性、长期连续性等（表 3-9）。可以看出这些质量维度大部分都与长期观测的目标与特点相关。随后，基于调查问卷结果和专家意见，修改和完善基于文献建立的生物观测数据质量维度筛选清单 I，形成生物观测数据质量维度筛选清单 II（表 3-10）。

表 3-9　数据质量维度清单比较

维度名称	调查汇总表中排序	文献汇总表中排序	备注
准确性	1	2	共性维度
代表性	2	43	生物长期观测数据更关注
可比性	3	20	生物长期观测数据更关注
元数据完整性	4	27	生物长期观测数据更关注
一致性	5	3	共性维度
完整性	6	1	共性维度
术语（命名法）清晰、一致、权威	7	86	生物长期观测数据更关注
长期连续性	8		生物长期观测数据更关注
有效性	9	8	共性维度，与用户需求相关
适用性	10	21	共性维度，与用户需求相关
方法一致性	11		生物长期观测数据更关注，间接维度
易获得性	12	17	共性维度，数据访问性方面的质量维度
方法专业性	13	26	生物长期观测数据更关注，间接维度
及时性	14	12	共性维度，与用户需求相关
可访问性	15	4	共性维度，数据访问性方面的质量维度

表 3-10　基于文献和问卷调查建立的生物观测数据质量维度清单 II

类别	维度名称
数据本征	实用性、代表性、正确性、准确性、一致性、完整性、可比性、连续性
元数据	元数据完整性、元数据规范简明性
数据展示	概念清晰性、格式规范性、术语权威性
数据访问	可访问和获取性、访问安全性
用户特定需求	相关性、有效性、适宜数据量

"维度筛选清单 II"建立后，基于 CERN 运行经验和相关文献，对维度清单进行进一步修改完善，对各维度术语含义、详细内涵、针对层次、关键控制与检测阶段、检测指标与方法等内容进行阐述，形成生物观测数据质量维度体系。

表 3-11　生物观测数据质量维度体系

类别	序号	维度名称	含义描述
数据本征	1	实用性	指数据对于科学研究或生产实践具有应用价值
	2	代表性	指观测对象能够真实、全面地反映观测区域内生态系统不同尺度的信息
	3	正确性	指数据未表现出明显的错误，包括数据的类型符合字段要求类型、数据的值未超出规定的值域范围等
	4	准确性	指实际测量值与真实值的符合程度，是最普遍关注的质量维度

类别	序号	维度名称	含义描述
数据本征	5	一致性	指同级数据之间符合数据规律、不彼此矛盾，或者不同级数据之间能够相互呼应等
	6	完整性	指观测数据满足规定的观测场地数、观测项目数、采样重复数、观测频率等方面的要求
	7	可比性	可比性指同一个指标数据在不同时间（同一地域不同年份，纵向）和不同空间之间（同年份不同样地和生态站，横向）可以比较
	8	连续性	主要指同一位点数据在时间序列上的连续与完整，形成一定的时间序列性数据，能够在较长的时间序列上反映生态系统的真实动态变化
元数据	9	元数据完整性	指数据必须带有的各项说明信息的完整性
	10	元数据规范性、简明性	指按照规范的要求，清楚、简明地记录各项说明信息
数据表示	11	概念清晰性	指数据库中所使用的概念定义清晰，而且保持一致
	12	格式规范性	指数据格式和结构符合一般规范，而且保持一致
	13	术语权威性	指数据库中引用的专业术语及其界定具有权威性
数据访问	14	可访问和获取性	指数据访问和获取的便利性
	15	访问安全性	指数据访问的安全性

3.3 生物长期观测数据质量维度体系

基于文献和生物观测数据特点，本书把生物观测质量维度分成数据本征、元数据、数据表示、数据访问和用户特定需求满意度五大类。考虑到用户特定需求满意度方面的维度依赖于用户，本书主要考虑关于数据本征、元数据特征、数据表示、数据访问前四类维度，共分为 15 个质量维度（表 3-11）。其中与数据获取过程密切相关的质量维度主要是数据本征质量和元数据质量，本书重点对该两类维度进行界定。对于不同的评价主体、不同层次的数据对象、不同阶段的数据，数据质量维度体系不尽相同。本维度体系针对的数据对象为审核后的 CERN 生物观测数据集，设定的评价主体为 CERN 数据质量管理体系内部对数据质量的要求。

3.3.1 数据实体方面的数据质量

数据实体方面的数据质量是针对数据内容本身，这方面的数据质量是数据生产者和数据使用者最为关注的，有些文献也叫数值质量（Data Value Quality）。

3.3.1.1 实用性

（1）含义描述

实用性，指数据集中的指标参数对于科学研究或生产实践具有应用价值，对应的数据质量问题为：数据没有意义和使用价值。实用性这个质量维度是基于调查意见提出来的，可以看出对于长期观测数据领域，由于生产数据需要花费大量的人力和物力，所获取数据的科学意义备受关注，所获取的数据应该能为科学研究、政府决策或生产实践等提供基础数据。

实用性针对的数据层次可以为单个字段、单个数据表或者整个数据集。

（2）关键控制阶段和操作要求

实用性的关键控制阶段为指标和规范制定阶段。在制定观测内容和观测指标时，一定要有明确的科学目标。为了保证其观测指标的科学意义和应用价值，CERN 的观测指标经过 CERN 科学委员会多次论证。此外，观测指标的空间和时间尺度也很重要，研究目的不同，需要数据的空间和时间尺度不同。因此，观测指标中要对观测指标的空间和时间尺度进行明确规定，并选择科学的方法和规范。

3.3.1.2 代表性

（1）含义描述

代表性指观测数据能够真实、全面地反映观测区域内生态系统不同尺度的信息，对应的数据质量问题为：数据没有代表性。代表性包含多个层次的含义，具体包括样地对生态系统类型的代表性、作物品种和田间管理方式对区域农田管理的代表性、样方/样株或样品对样地的代表性、观测指标对生态系统的关键特征的代表性、生物量模型对应用树种的代表性等。代表性包含三个主要子维度：

1）样地代表性：指所选择的观测样地对既定的观测区域具有代表性；

2）取样代表性：野外观测时，所选择的观测对象能反映样地整体特征；

3）模型代表性：制作的模型能反映期望反映的群体。

代表性针对的数据层次为单次取样的数据至整个数据集。

（2）关键控制阶段和操作要求

代表性的关键控制阶段为样地选择阶段、样方/样株设置和观测阶段。样地选择方法要科学，基于对观测目标和观测区域的了解，依靠高水平的生态学专家，采用科学的方法、程序，选择能代表区域主要特征的典型群落作为样地，样地选择过程记录完整。样地代表性改变后，需调整样地时，需要在样地稳定性与变异性之间做合理权衡。野外观测或取样时了解数据的空间变异情况并据此确定合理的取样方法，抽样方法要科学，选择具有代表性的样方或样株，重复数足够，保证所选择的观测对象对样地具有代表性。

质控要点：①设置样地前对观测目标和观测区域做充分了解；②方法和程序科学；③高水平的专家组实施；④详细记录选点过程及相关信息；⑤采样设计科学；⑥重复数足够。

检测要点：①基于文献和样地本底数据，检验样地代表性；②通过了解样地建立方法、过程、参与人专业水平，间接评判样地代表性；③抽样的方法是否科学；④重复数足够；⑤基于记录的相关背景信息，通过了解过程、参与人专业水平，评价样方代表性。

3.3.1.3 正确性

（1）含义描述

正确性，指数据未表现出明显的错误，包括数据类型符合字段要求、数据值未超出规定的值域范围、数据与其他字段数据之间的关系合乎常理。对应的数据质量问题为：不正确的，不可能的，或错误的。表 3-12 为虚拟案例数据，为指代方便，表中的每一个单元格以"行号-列号"进行编码。可以看出，表 3-12 中，2-5 单元格数据格式错误，数据的单位在表头已经给出，表中只需要填数据；3-2、4-4、4-5、6-8 单元格数据是错误的，因为数值超出了规定或合理的值域范围。

正确性针对的数据层次包括从单元格到数据集的所有数据层次，单个单元格，用正确或错误描述，单元格以上数据层次，则用正确率表示。

表 3-12 虚拟数据示例

	1	2	3	4	5	6	7	8
序号	年	样方号	植物种名	株（丛）数/（株或丛/样方）	盖度/%	地上部鲜重/（g/样方）	地上干重/（g/样方）	干重：鲜重
1	2009	1	羊草	21	1	3.25	1.01	0.31
2	2009	1	大针茅	25	7%	12.08	5.25	0.43
3	2009	1.5	根茎冰草	159	20	72.12	24.59	0.34
4	2009 年	1	糙隐子草	38.2	110	11.34	5.57	0.49
5	2013	1	早熟禾	1	0.5	0.65	0.24	0.37
6	2009	1	羽茅	39	5	3.8	10.48	2.76
7	2009	1	黄囊苔草	57	5	6.64	2.76	0.42
8	2008	1	猪毛蒿	1	0.1	0.03	0.01	0.33
9	2009	1	菊叶委陵菜	1	0.5	0.3	0.09	0.30
10	2009	1	二裂委陵菜	2	0.2	0.03	0.01	0.33
11	2009	2	羊草	23	4	6.61	1.03	0.16
12	2009	2	大针茅	12	2	4.46	1.73	0.39
13	2009	2	根茎冰草	178	20	85.11	31.57	0.37
14	2009	2	糙隐子草	6	2	2.28	1.2	0.53
15	2009	2	早熟禾	2	0.1	0.62	0.2	0.32

（2）控制阶段和操作要求

数据错误问题的关键控制阶段为数据记录、录入阶段。如记录错误、录入错行或错列；不正确的操作，如单元格下拉操作导致数据递增，造成错误等。

3.3.1.4 准确性

（1）含义描述

准确性指实际测量值与真实值的符合程度，准确性是最受关注的质量维度，可以说质量管理体系所做的大部分努力就是为了提高数据的准确性。对应的数据质量问题为：不准确的、误差大的。一般意义上，正确性与准确性的含义相互重叠，然而，在数据质量维度理论中，数据的正确性与准确性是不同的概念，数据正确性主要用来描述数据库中数据的合理性，有很多方法可以检查数据的正确性，而数据的准确性是观测值与真实值符合程度的描述，在实际操作中，由于真实值不容易获得，对准确性的检测也相对较困难。因此，数据值可能正确，但不一定准确。例如表 3-12 中，对于 4 至 8 列的观测值，利用一定的知识规则可以比较容易检测出明显的错误数据，如 2-5、3-2、4-4、4-5、6-8，对于其他数据我们可以认同其正确性，但其准确性则难以检测。

准确性针对的数据层次包括从单元格到数据集的所有数据层次，单个单元格，用规定的误差大小判别是否准确来描述，单元格以上数据层次，则用准确率表示。

（2）关键控制阶段和操作要求

准确性的关键控制阶段为观测、采样、室内样品分析阶段、数据记录与录入等多个阶段。影响因素很多，包括人员专业性、方法准确性、操作规范性和仪器精密性等。

质控要点：①野外观测和采样、样品制作、分析过程严格按照操作规范来进行；②室内分析加入标准物质，和样品同操作测定，标准物质分析结果应保证在95%的置信水平内，否则需要重新分析测试；③样品分析测试过程由专业的技术人员操作，分析过程有质量监控措施。

3.3.1.5 一致性

（1）含义描述

一致性主要指同级数据之间符合数据规律、不彼此矛盾，或者不同级数据之间能够相互呼应。对应的数据质量问题为：不一致的、矛盾的。如表3-12中，5-1、8-1、11-8单元格数据与同列中其他数据一致性不好，可能存在问题，6-6与6-7单元格数据之间的关系不符合鲜重与干重之间的关系，数据存在问题。检查一致性问题，需要比较丰富的数据审核经验和专业知识的积累，因此，一致性检查最能体现数据审核者的专业知识水平。数据一致性往往与数据准确性密切相关，因此，数据一致性的检查有利于准确性等其他数据质量问题的发现。

一致性针对的数据层次为数据之间的比较，跨越多个层次。

（2）关键控制阶段和操作要求

关键控制阶段为观测阶段和数据录入阶段。

3.3.1.6 完整性

（1）含义描述

完整性指观测数据满足规定的观测场地数、观测项目数、采样重复数和观测频率等方面的要求，缺失、异常值需要有明确说明。完整性包括各个层次的完整性，一般以观测规范规定的当年观测任务和历年观测内容作为判别依据。包括数据集完整性、数据表完整性、属性完整性、记录完整性等层次。

完整性针对的数据层次包括数据项、记录/重复数、数据表等多个层次。

（2）关键控制阶段和操作要求

完整性关键控制阶段为观测阶段、数据录入阶段。

质控要点：①观测样地数完整；②观测项目完整；③观测频度完整；④样方重复数完整；⑤数据表填写完整。

3.3.1.7 可比性

（1）含义描述

可比性指同一个观测指标的数据在不同时间（同一地域不同年份，纵向）和不同空间之间（同年份不同样地和生态站，横向）具有可比性。数据的可比性是长期观测数据存在的意义之一。对应的数据质量问题为：无可比性、可比性差。对于长期联网观测而言，数据可比是其基本要求，因此数据的可比性非常重要。

可比性针对的数据层次包括不同时间和不同位点的取样数据，跨多个数据层次。

（2）关键控制阶段和操作要求

可比性的关键控制阶段为样地管理阶段和观测阶段。

质控要点：①样地的重复性、观测指标的对应性；②方法一致性：获取数据的时间、操作方法需要一致，尽量减少因操作不同而产生数据的差异。如果观测方法暂时不能统一或中途需要变更，必须对不同方法进行比对研究，保证不同观测方法获取的数据具有较好的可比性；③时间一致性：观测时间及观测频度在年际间和生态站之间保持一致；④空间一致性：同一生态站数据采集或取样的空间位置保持一致。

检测要点：①位置相对固定；②方法一致；③观测时间点一致。

3.3.1.8 连续性

（1）含义描述

连续性主要指同一位点数据在时间序列上的连续与完整，形成一定的时间序列数据，能够反映生态系统在较长的时间序列上的动态变化。对应的数据质量问题为：不连续的、间断的。对于长期观测而言，数据连续是其基本特点，数据的连续性非常重要。

连续性针对的数据层次为时间序列上的多次取样数据。

（2）关键控制阶段和操作要求

连续性的关键控制阶段为样地管理阶段和观测阶段。

质控要点：①指标稳定：同一指标的定期、长期观测；②场地稳定：观测场地受保护，长期存在；③对象稳定：观测对象相对稳定，管理措施相对稳定；④方法稳定：数据获取方法或采样制度的连续；⑤时间稳定：观测时间点稳定。

3.3.2 元数据方面的数据质量

元数据是指对数据的场地、方法、人员等进行说明的信息，对于长期观测，由于数据生产者和数据使用者往往相互分离，元数据对数据的使用与理解非常重要。

3.3.2.1 元数据完整性

（1）含义描述

元数据完整性是指数据必须带有各项说明信息。对于生物长期观测数据而言，需要包括的元数据包括：

1）样地背景信息

2）采样方法与室内分析方法信息

3）观测的时间、地点、人员以及环境条件等

4）数据质控方法信息

5）缺失值说明

6）数据质量评价

7）观测与质控人员信息

8）数据转换与更新日志

9）文档或数据的概念模型

10）分类信息引用规范

11）成套的描述数据表各方面信息的元数据，如：生产者、主题、描述、发布者、日期、格式、来源、语言

（2）关键控制阶段和操作要求

涉及所有阶段，而且各阶段的准备、实施、实施后都需要对有关说明信息进行完整记录。

3.3.2.2 元数据规范性、简明性

（1）含义描述

元数据规范性、简明性指按照规范的要求，清楚、简明地记录各项说明信息。为了保证元数据的规范性、简明性，需要按照元数据规范要求的内容、格式对各项元数据进行记录。

（2）关键控制阶段和操作要求

涉及所有阶段。

参考文献

[1] 陈苏，柏文阳，徐洁馨. 2005. 一种新的数据质量模型的研究[J]. 计算机应用研究，（7）：48-50.

[2] 陈伟，刘思峰，QIU R. 2008. 审计数据质量评估方法研究[J]. 计算机工程与应用，44（3）：20-23.

[3] 陈远，罗琳，沈祥兴. 2004. 信息系统中的数据质量问题研究[J].中国图书馆学报，（1）：48-50.

[4] 方幼林，杨冬青，唐世渭，等. 2003. 数据仓库中数据质量控制研究[J].计算机工程与应用，（13）：1-4.

[5] 郭志懋，周傲英. 2002. 数据质量和数据清洗研究综述[J]. 软件学报，13（11）：2076-2082.

[6] 国家质量技术监督局. 2001. 质量管理体系 基础和术语：GB/T 19000—2000[S]. 北京：中国标准出版社.

[7] 韩京宇，宋爱波，董逸生. 2008. 数据质量维度量化方法[J]. 计算机工程与应用，44（36）：1-6.

[8] 胡良霖，侯玉芳. 2006. 科学数据库数据质量内容模型与研究进展[C]//科学数据库与信息技术第八届学术研讨会. 科学数据与信息技术论文集：第八集. 北京：中国环境科学出版社，361-367.

[9] 胡良霖. 2009. 科学数据资源的质量控制和评估[J]. 科研信息化技术与应用，2（1）：50-55.

[10] 姜作勤. 2004. 数据质量研究与实践的现状及空间数据质量标准[J]. 国土资源信息化，（3）：22-28.

[11] 蒋景曈，刘若梅，贾云鹏，等. 2008. 地理信息数据质量的概念、评价和表述——地理信息数据质量控制国家标准核心内容浅析[J]. 地理信息世界，（4）：5-10.

[12] 任向红，仇生泉. 2008. 土地调查中数据质量的控制[J]. 测绘技术装备，季刊10（4）：36-37.

[13] 商广娟. 2005. 有效的数据质量管理体系——21世纪管理的基石[J]. 航空标准化与质量，（2）：18-22.

[14] 施建平，孙波，杨林章. 2006. 土壤监测数据的质量评估[C]// 科学数据库与信息技术第八届学术研讨会. 科学数据与信息技术论文集：第八集. 北京：中国环境科学出版社，368-376.

[15] 施建平，杨林章. 2008. 土壤长期监测数据的质量保证[C]//科学数据库与信息技术论文集：第九集. 北京：中国环境科学出版社，119-124.

[16] 宋敏，覃正. 2007. 国外数据质量管理研究综述[J]. 情报杂志，（2）：7-9.

[17] 吴爱娜，隋军，姜秋，等. 2009. 浅谈加强我国极地科学考察数据质量管理的对策[J]. 海洋开发与管理，26（11）：36-39.

[18] 吴喜之，闫洁. 2006. 数据分析中的数据质量识别[J]. 统计与信息论坛，21（6）：12-16.

[19] 向上. 2007. 信息系统中的数据质量评价方法研究[J]. 现代情报，（3）：67-71.

[20] 杨青云，赵培英，杨冬青，等. 2004. 数据质量评估方法研究[J]. 计算机工程与应用，（9）：3-4.

[21] 张芳. 2005. 统计数据质量涵义之我见[J]. 统计教育，（2）：17-18.

[22] AEBI D，PERROCHON L. 1993. Towards improving data quality [C]. Proc of the International

Conference on Information Systems and Management of Data：273-281.

[23] BATINI C，SCANNAPIECA M. 2006. Data quality，concepts，methodologies and techniques [M]. Springer.

[24] CARSON C S. 2000. Toward a framework for assessing data quality [C]. Statistical Quality Seminar.

[25] CROSBY P B. 1988. Quality is free：The Art of Making Quality Certain [M]. New York：McGraw—Hill.

[26] DOD Guidelines. 2004.

[27] ISO 19113. 2002. Geographic information-Quality principles [S].

[28] ISO 19114. 2003. Geographic information- Quality evaluation procedure [S].

[29] ISO /TC211. standardization of Geographic Information and Geo-Informatics [S].

[30] JURAN J M，GRGNA. 1980. Upper management and quality [M]. New York.

[31] JURAN J M，GODFREY A B. 1999. Juran's quality handbook [M]. 5th ed. New York：McGraw-Hill.

[32] LOSHIN D. 2001. Enterprise knowledge management：the data quality approach [M]. San Diego：Morgan Kaufmann：102-125.

[33] OMB Guidelines. 2003.

[34] ORR K. 1998. Data quality and system theory [J]. Communications of the ACM，41（2）：66-71.

[35] PIERCE E M. 2003. Pursuing a career in information quality：the job of the data quality analyst [J]. IQ：157-165.

[36] RAHME，DO H H. 2000. Data cleaning：problems and current approaches [J]. IEEE Data Engineering Buletin，23（4）：3-13.

[37] REDMAN T C. 1996. Data quality for the information age [M]. Boston：Artech House.

[38] SCANNAPIECO M，CATARCI T. 2002. Data quality under the computer science perspective [J]. Arehivi & Computer，（2）：1-12.

[39] SHANKAR G，WANG R Y，ZIAD M. 2000. IP-MAP：representing the manufacture of an information product [C]. Proceedings of the 2000 International Conference on Information Quality.

[40] STRONG D M，YANG W L，RICHARD Y W. 1997. Data quality in context [J]. Communications of the ACM，40（5）：103-110.

[41] WAND Y，WANG R Y. 1996. Anchoring data quality dimensions in ontological foundations [J]. Communications of the ACM，39（11）：86-95.

[42] WANG R Y，ALLEN T，HARRIS W，et al. 2002. An information product approach for total information awareness. MIT Sloan Working Paper，No. 4407-02；CISL No. 2002-15.

[43] WANG R Y，STRONG D M. 1996. Beyond accuracy：what data quality means to data consumers [J]. Journal of Management Information System，12（4）：5-34.

[44] WANG R Y，STOREY V，FIRTH C. 1995. A framework for analysis of data quality research [J]. IEEE Transactions on Knowledge and Data Engineering，7（4）：623-640.

[45] WANG R Y. 1998. A product perspective on total data quality management [J].Communication of the ACM，41（2）：58-65.

附表 3-1

文献中的数据质量维度指标清单

（根据 1989—2009 年相关数据质量文献整理）

序号	维度名称	维度名称（文献中英文名称）	出现次数	应用领域	文献
1	完整性（全面性）	Completeness（Comprehensiveness）	33	数据质量理论研究 / CERN 土壤数据 / 国际金融基金会统计部 / 美国国防部 / 国际地理信息标准 国家地理信息标准 / 传统的质量要素 / 审计数据质量 / 信息系统 / 土地调查数据质量 / 数据仓库中数据质量 / 数据分析	Aebi & Perrochon，1993；Wand & Wang，1996；Redman，1996；Wang & Strong，1996；Loshin，2001；郭志懋等，2002；方幼林等，2003；陈远等，2004；杨青云等，2004；姜作勤，2004；商广娟，2004；陈苏等，2005；Batini & Scannapieco，2006；吴喜之 & 闫洁，2006；向上，2007；宋敏&覃正，2007；施建平、杨林章，2008；蒋景瞳等，2008；韩京宇等，2008；陈伟等，2008；任向红&仇生泉，2008
2	准确性	Accuracy	31	数据质量理论研究 / CERN 土壤数据 / 国际金融基金会统计部 / 美国国防部 / 传统的质量要素 / 审计数据质量 / 美国商务部 / 欧盟统计局 / 国际货币基金组织 / 信息系统 / 传统的统计数据质量 / 数据仓库中数据质量	Aebi & Perrochon，1993；Wand&Wang，1996；Redman，1996；Loshin，2001；郭志懋等，2002；方幼林等，2003；陈远等，2004；杨青云等，2004；姜作勤，2004；商广娟，2004；陈苏等，2005；Batini & Scannapieco，2006；吴喜之&闫洁，2006；向上，2007；宋敏&覃正，2007；施建平&杨林章，2008；蒋景瞳等，2008；韩京宇等，2008；陈伟等，2008；任向红&仇生泉，2008
3	一致性	Consistency	14	美国国防部 / 数据质量理论研究 / 传统的质量要素 / 信息系统 / 土地调查数据质量 / 数据仓库中数据质量 / 数据分析	Aebi & Perrochon，1993；Redman，1996；Loshin，2001；郭志懋等，2002；方幼林等，2003；陈远等，2004；杨青云等，2004；姜作勤，2004；商广娟，2004；陈苏等，2005；Batini&Scannapieco，2006；吴喜之&闫洁，2006；向上，2007；宋敏&覃正，2007；施建平&杨林章，2008；蒋景瞳等，2008；韩京宇等，2008；陈伟等，2008；任向红&仇生泉，2008
4	可访问性	Accessibility	10	数据质量理论研究 / 国际金融基金会统计部 / 数据质量理论研究	Wang & Strong，1996；Loshin，2001姜作勤，2004；商广娟，2004；陈苏等，2005；Batini & Scannapieco，2006；向上，2007；宋敏&覃正，2007

序号	维度名称	维度名称（文献中英文名称）	出现次数	应用领域	文献
5	客观性	Objectivity	10	数据质量理论研究 /美国联邦政府对联邦机构向公众传播的数据	Wang & Strong，1996；Loshin，2001 姜作勤，2004；商广娟，2004；陈苏等，2005；Batini & Scannapieco，2006；向上，2007；宋敏&覃正，2007
6	唯一性	Uniqueness	9	美国国防部 / 数据质量理论研究 / 传统的质量要素 / 审计数据质量 / 数据仓库中数据质量	方幼林等，2003；姜作勤，2004；杨青云等，2004；商广娟，2004；向上，2007；陈伟等，2008
7	相关性	Relevancy	9	数据质量理论研究 / 传统的统计数据质量	Redman，1996；Wang & Strong，1996；Loshin，2001；姜作勤，2004；商广娟，2004；陈苏等，2005；向上，2007；宋敏&覃正，2007
8	有效性	Validity	9	数据质量理论研究 / 美国国防部 / 传统的统计数据质量 / 数据仓库中数据质量	方幼林等，2003；姜作勤，2004；商广娟，2004；杨青云等，2004；陈苏等，2005；向上，2007；陈伟等，2008
9	表达一致性	Representational consistency	8	数据质量理论研究	Redman，1996；Wang&Strong，1996；Loshin，2001；姜作勤，2004；商广娟，2004；陈苏等 2005；向上，2007；宋敏&覃正，2007
10	可解释性（合适的语言和单位、清楚的定义）	Interpretability	8	数据质量理论研究	Redman，1996；Wang & Strong，1996；姜作勤，2004；商广娟，2004；陈苏等，2005；Batini & Scannapieco，2006；向上，2007；宋敏&覃正，2007
11	访问安全性	Access security	7	数据质量理论研究	Wang & Strong，1996；Loshin，2001；姜作勤，2004；商广娟，2004；陈苏等，2005；向上，2007；宋敏&覃正，2007
12	及时性（时间性）	Timeliness	7	欧盟统计局 / 传统的统计数据质量 / 数据质量理论研究 / 数据仓库中数据质量	Loshin，2001；方幼林等，2003；杨青云等，2004；商广娟，2004；Batini&Scannapieco，2006；向上，2007
13	可信度	Believability	7	数据质量理论研究	Wang & Strong，1996；姜作勤，2004；商广娟，2004；陈苏等，2005；Batini&Scannapieco，2006；向上，2007；宋敏&覃正，2007
14	描述简明性	Concise representation（simplicity）	7	数据质量理论研究	Wang & Strong，1996；Loshin，2001；姜作勤，2004；商广娟，2004；陈苏等，2005；向上，2007；宋敏&覃正，2007

序号	维度名称	维度名称（文献中英文名称）	出现次数	应用领域	文献
15	适时性	Timeliness	7	数据质量理论研究	Wang & Strong, 1996；姜作勤，2004；商广娟，2004；陈苏等，2005；向上，2007；宋敏&覃正，2007；陈伟等，2008
16	现时性（现势性）	Currency	7	美国国防部 / 数据质量理论研究 /土地调查数据质量	Redman, 1996；Loshin, 2001；姜作勤，2004；商广娟，2004；Batini & Scannapieco, 2006；向上，2007；任向红&仇生泉，2008
17	易获得性	Obtainability	7	数据质量理论研究 / 欧盟统计局/ 国际货币基金组织 / 传统的统计数据质量	Redman, 1996；Loshin, 2001；商广娟，2004；向上，2007
18	正确性	Correctness	7	数据质量理论研究 / 信息系统 / 土地调查数据质量 / 数据仓库中数据质量	Aebi&Perrochon, 1993；Wand & Wang, 1996；郭志懋等，2002；方幼林等，2003；陈远等，2004；向上，2007；任向红&仇生泉，2008
19	合适的数据量	Appropriate amount of data	6	数据质量理论研究	Wang & Strong, 1996；姜作勤，2004；商广娟，2004；陈苏等，2005；向上，2007；宋敏&覃正，2007
20	可比性		6	CERN 土壤数据 / 美国商务部 / 欧盟统计局 / 传统的统计数据质量	商广娟，2004；向上，2007；施建平&杨林章，2008
21	适用性		6	美国商务部 / 欧盟统计局 / 国际货币基金组织	商广娟，2004；向上，2007
22	易理解性	Ease of understanding	6	数据质量理论研究	Wang & Strong, 1996；姜作勤，2004；商广娟，2004；陈苏等，2005；向上，2007；宋敏&覃正，2007
23	增值性	Value-added	6	数据质量理论研究	Wang & Strong, 1996；姜作勤，2004；商广娟，2004；陈苏等，2005；向上，2007；宋敏&覃正，2007
24	最小性	Minimality	6	数据质量理论研究	Aebi & Perrochon, 1993；Redman, 1996；郭志懋等，2002；Batini & Scannapieco, 2006；韩京宇等，2008；陈伟等，2008
25	信誉	Reputation	5	数据质量理论研究	Wang & Strong, 1996；姜作勤，2004；陈苏等，2005；Batini & Scannapieco, 2006；宋敏&覃正，2007
26	方法专业性或完全性		4	欧盟统计局 / 国际货币基金组织	商广娟，2004；向上，2007

序号	维度名称	维度名称 （文献中英文名称）	出现次数	应用领域	文献
27	辅助说明信息完整性（数据可解释）	Metadata	4	数据质量理论研究/传统的统计数据质量/CERN土壤数据	Loshin，2001；Batini & Scannapieco，2006；施建平&杨林章，2008
28	目的说明		4	国家地理信息标准/数据仓库中数据质量	方幼林等，2003；姜作勤，2004；蒋景瞳等，2008
29	安全性		3	美国联邦政府对联邦机构向公众传播的数据	姜作勤，2004；向上，2007
30	必要性（针对性）	Essentialness（Pertinence）	3	数据质量理论研究	Redman，1996；Loshin，2001；Batini & Scannapieco，2006
31	可塑性	Flexibility	3	数据质量理论研究	Redman，1996；Loshin，2001
32	空间准确度		3	国家地理信息标准	姜作勤，2004；蒋景瞳等，2008
33	逻辑一致性		3	国际地理信息标准	姜作勤，2004；蒋景瞳等，2008
34	时间准确度		3	国际地理信息标准	姜作勤，2004；蒋景瞳等，2008
35	实用性		3	美国联邦政府对联邦机构向公众传播的数据质量要求	姜作勤，2004；向上，2007
36	使用情况说明		3	国际地理信息标准	姜作勤，2004；蒋景瞳等，2008
37	数据志		3	国际地理信息标准	姜作勤，2004；蒋景瞳等，2008
38	衔接性		3	欧盟统计局/传统的统计数据质量	商广娟，2004；向上，2007
39	专题准确度		3	国际地理信息标准	姜作勤，2004；蒋景瞳等，2008
40	变异性	Volatility	2	数据质量理论研究	杨青云等，2004；Batini & Scannapieco，2006
41	不矛盾性		2	信息系统	陈远等，2004；向上，2007
42	存储利用	Use of storage	2	数据质量理论研究	Redman，1996；Loshin，2001
43	代表性		2	数据分析/CERN土壤数据	吴喜之&闫洁，2006；施建平，2008
44	定义清晰	Clarity of definition	2	数据质量理论研究	Redman，1996；Loshin，2001
45	服务性		2	国际金融基金会统计部	姜作勤，2004
46	概念一致性		2	国际金融基金会统计部	姜作勤，2004
47	格式精度	Format precision	2	数据质量理论研究	Redman，1996；Loshin，2001
48	集成性		2	信息系统	陈远等，2004；向上，2007

序号	维度名称	维度名称（文献中英文名称）	出现次数	应用领域	文献
49	鲁棒性	Robustness	2	数据质量理论研究	Redman，1996；Loshin，2001
50	结构一致性	Structural consistency	2	数据质量理论研究	Redman，1996；Loshin，2001
51	可读性	Readability	2	传统的统计数据质量 / 数据质量理论研究	Batini & Scannapieco，2006
52	可移植性	Portability	2	数据质量理论研究	Redman，1996；Loshin，2001
53	缺失值表示	Representation of null values	2	数据质量理论研究	Redman，1996；Loshin，2001
54	实体可识别性	Identifiability	2	数据质量理论研究	Redman，1996；Loshin，2001
55	同质性	Homogeneity	2	数据质量理论研究	Redman，1996；Loshin，2001
56	语义一致性	Semantic consistency	2	数据质量理论研究	Redman，1996；Loshin，2001
57	值域精度	Precision of Domains	2	数据质量理论研究	Redman，1996；Loshin，2001
58	属性粒度	Attribute granularity	2	数据质量理论研究	Redman，1996；Loshin，2001
59	自然性	Naturalness	2	数据质量理论研究	Redman，1996；Loshin，2001
60	不同时间序列之间的同步性	Synchronization between different time series	1	数据质量理论研究	Batini & Scannapieco，2006
61	单位成本	Unit cost	1	数据质量理论研究	Loshin，2001
62	幅度		1	数据仓库中数据质量	方幼林等，2003
63	格式适合性	Appropriateness	1	数据质量理论研究	Redman，1996
64	关联度		1	数据仓库中数据质量	方幼林等，2003
65	含义明确性	Meaningful	1	数据质量理论研究	Wand & Wang，1996
66	合适性	Appropriateness	1	数据质量理论研究	Loshin，2001
67	精密性		1	CERN 土壤数据	施建平，2008
68	可靠度		1	数据仓库中数据质量	方幼林等，2003
69	模型使用的正确性	Correctness with respect to requirements	1	数据质量理论研究	Batini & Scannapieco，2006
70	模型选择的正确性	Correctness with respect to the model	1	数据质量理论研究	Batini & Scannapieco，2006
71	普适性（数据&数据标准）	Ubiquity	1	数据质量理论研究	Loshin，2001
72	缺失值	Null values	1	数据质量理论研究	Loshin，2001
73	冗余管理	Redundancy	1	数据质量理论研究	Loshin，2001

序号	维度名称	维度名称（文献中英文名称）	出现次数	应用领域	文献
74	冗余数量		1	数据仓库中数据质量	方幼林等，2003
75	深度		1	数据仓库中数据质量	方幼林等，2003
76	生命期		1	数据仓库中数据质量	方幼林等，2003
77	时效性		1	数据质量理论研究	韩京宇等，2008
78	数据谱系		1	数据仓库中数据质量	方幼林等，2003
79	新鲜度	Freshness	1	数据质量理论研究	韩京宇等，2008
80	信息量		1	数据仓库中数据质量	方幼林等，2003
81	隐私管理	Privacy	1	数据质量理论研究	Loshin，2001
82	用途说明		1	数据仓库中数据质量	方幼林等，2003
83	真实性		1	数据分析	吴喜之&闫洁，2006
84	正规性	Normalization	1	数据质量理论研究	Batini & Scannapieco，2006
85	正确说明	Correct interpretation	1	数据质量理论研究	Loshin，2001
86	值域协议的权威性	Enterprise agreement of usage	1	数据质量理论研究	Loshin，2001
87	值域信息管理	Stewardship	1	数据质量理论研究	Loshin，2001
88	指代明确性	Unambiguous	1	数据质量理论研究	Wand & Wang，1996

附表 3-2

数据质量问卷调查系列表

（CERN 生物分中心编制，2010 年 8 月 30 日）

说明：为了构建 CERN 生物长期监测数据的质量评价体系，特设计了此系列问卷调查表，请针对各项问题填写，您提供的信息将对建立科学的 CERN 生物数据质量评价体系、促进 CERN 数据质量提升具有重要意义，非常感谢您对该项工作的支持。

数据质量问卷调查表（1）——基本信息

您的姓名（非必填项）：

您目前从事的工作：

您的工作单位：

您的专业背景：

您的工作中是否需要关注数据质量以及密切程度说明：

您对 CERN 生物监测数据的熟悉程度说明：

您在 CERN 生物监测数据中的角色说明（可多选，高亮显示或下划线）：
生产者
管理者
使用者
其他

您在 CERN 中目前和曾经担任过的职务（可多选，高亮显示或下划线）：
CERN 科学委员会委员
CERN 生物分中心科学委员会委员
综合中心/分中心工作人员
CERN 生态站站长
CERN 生态站生物监测负责人或参与人
其他

数据质量问卷调查表（2）——生物监测数据质量的衡量指标

对于生态系统生物长期监测数据的质量，除了真实性、信息完整性、概念和数值一致性外，您觉得还应该满足哪些指标或者从哪些方面进行描述和评价？请尽可能把您想到的加以描述并填入下表，谢谢。

CERN 生物监测数据质量的衡量指标建议表

序号	数据质量衡量指标及含义说明	备注

数据质量问卷调查表（3）——CERN 生物监测数据质量现状

如果您对 CERN 生物监测数据有所了解，请您对 CERN 生物监测数据的质量现状进行描述。请填在下表。谢谢

CERN 生物监测数据质量现状

序号	CERN 生物监测数据质量现状描述	备注

附表 3-3

生物观测数据质量维度调查汇总表

序号	维度名称	出现次数	序号	维度名称	出现次数
1	准确性	35	35	时间粒度合适性	3
2	代表性	32	36	数值合理性	3
3	可比性	32	37	系统性	3
4	元数据完整性	25	38	有应用情况说明	3
5	一致性	23	39	再现性	3
6	完整性	18	40	安全性	2
7	术语（命名法）清晰、一致、权威	16	41	方法规范性	2
8	长期连续性	12	42	服务性	2
9	有效性	12	43	描述简易性	2
10	适用性	11	44	模型可拓展性	2
11	方法一致性	10	45	人员素质	2
12	易获得性	10	46	稳定性	2
13	方法专业性	9	47	原始性	2
14	及时性	9	48	直观性	2
15	可访问性	7	49	指标稳定性	2
16	客观性	7	50	重复数	2

序号	维度名称	出现次数	序号	维度名称	出现次数
17	可解释性	6	51	测定仪器及其矫正	1
18	实用性	6	52	单位统一性	1
19	参数合理性	5	53	单位信誉	1
20	时效性	5	54	非定量信息量化表述	1
21	精密度	4	55	覆盖范围大小	1
22	可靠性	4	56	共享性	1
23	可信度	4	57	合理管理重复数据	1
24	缺失和空值明确说明	4	58	合适的数据量	1
25	适时性	4	59	集成性	1
26	真实性	4	60	结构合理性	1
27	综合性	4	61	可追溯	1
28	编码唯一性	3	62	模型可塑性	1
29	不矛盾性	3	63	时间跨度	1
30	地点一致性	3	64	时间一致性	1
31	格式规范性	3	65	信息量	1
32	规律性	3	66	正确诠释	1
33	可移植性	3	67	自明性	1
34	可用性	3			

4 年度任务管理[*]

年度任务管理是指根据观测指标体系和观测规范的要求，对本年度观测工作内容、时间、地点和参与人员等进行系统计划，对观测任务和日常工作进行统筹安排和分配，并做好意外情况的应急预案，以提高观测任务的执行效率。年度任务管理对长期观测的质量管理非常重要。生物观测任务多、时效性强，往往多项观测工作同时进行，而所有的观测任务都是在生长季完成，特别需要统筹安排各项工作，否则很容易错过最佳观测时间而无法完成任务。另外，对观测过程进行监督和控制，形成有效的信息反馈机制，及时更正工作中的失误，对非预期影响因素进行有效预防，必要时调整工作计划，以确保整个观测工作保质保量完成。

4.1 年度任务管理责任制

根据生态站的人员分工，在任务管理过程中，观测方案由主管生物观测的副站长和生物观测负责人共同负责制定，并提交站长审核通过后执行。主管副站长、生物观测负责人、一线观测人员是任务管理实施中的具体执行者。同时，主管副站长、生物观测负责人在任务管理执行过程中进行跟踪监督，并定期将各项工作进展及相关信息反馈给站长。站长是整个观测工作的总体负责人，根据观测工作整体进展情况，对工作安排做出调整。一旦发生突发事件，所有人员应及时到位，共同商议，做出决策，解决问题。

在任务管理过程中各种人员的职责分工具体如下：

站长：根据观测指标体系和观测规范，确定年度观测目标和观测任务，调配人员、物资和经费等，对观测工作的执行给予保障，并对整个观测过程进行总体把关。

主管副站长：制定具体的工作方案，包括各项观测工作的任务要求、人员分工、观测时间和观测地点，并提交站长审核通过后执行。主管副站长监控观测过程，将各项工作进展及时反馈给站长。

生物观测负责人：是观测工作实施的具体负责人，负责各项工作的具体安排，参与观测，并将各项工作进展反馈给主管副站长。

一线观测人员：执行具体观测任务，包括前期准备、具体操作和数据记录，要求具备相关业务知识，熟悉各项观测任务操作流程，按时完成各项观测任务，遇到问题及时反馈给生物观测负责人，观测数据及时上报至生物观测负责人。

---

[*] 编写：韦文珊，白帆（中国科学院植物研究所），王吉顺（中国科学院地理科学与资源研究所）。
审稿：谢小立（中国科学院亚热带农业生态研究所），谢宗强（中国科学院植物研究所）。

4.2 年度任务管理要求

生态站要在每年年初或上年年底完成当年任务管理，根据观测指标体系和观测规范的要求，制定当年观测工作安排。年度任务管理的结果是当年观测工作计划方案，制定各项观测工作进度安排表，明确分工到人，形成任务管理文本，所有参与观测的人员每人一册。在任务管理时需总结前一年度观测工作完成情况，对观测中存在的问题进行讨论，提出整改方案。任务管理工作须在主管副站长的监督下完成，所有参与观测的人员共同对观测方案进行讨论，以免漏测或发生歧义。任务管理有利于实现观测有计划、过程有控制、人员有管理、信息有反馈，确保各项观测任务保质保量地完成，并实现对观测任务执行过程的有效监督和质量控制。

4.3 年度任务管理内容

生物观测年度任务管理概括来说，就是明确 4 "W" 和 1 "H"：观测什么（What）、谁观测（Who）、什么时间观测（When）、在哪儿观测（Where）和怎么观测（How），主要包括以下几个方面：

（1）明确观测内容。根据生物观测指标体系和观测规范要求，明确当年生物观测内容及要求。

（2）明确观测时间和地点。结合生态站实际情况，制定各项观测工作进度安排表，明确不同时期的工作任务、工作量、观测地点和时间要求等。

（3）明确观测工作人员和分工。针对各项任务进度安排和工作量，形成工作方案，划定人员职责和分工，包括负责人、执行人、质量监督负责人，落实具体人员及其相关任务和执行时间。

（4）根据观测方法和操作规范要求，做好仪器设备维修、校正等各项准备工作。

（5）针对观测过程制定质量监督和信息反馈机制。注意指定专人（质量监督负责人）对各项观测环节的执行情况进行监督和检查，定期查看观测任务的完成情况；明确管理者（站长）的任务，确保从整体上切实掌握生物观测的进展情况。另外，各级人员都要定期向上级反馈工作完成情况，以便及时发现问题、解决问题。

（6）做好备选或应急方案的准备，避免由于天气、人员等原因无法完成观测任务。

4.4 年度任务管理依据

CERN 生物观测任务管理的依据是 CERN 生物观测指标体系和生物观测规范。生物观测指标体系明确了当年的具体观测任务；观测规范对观测任务完成的方法、步骤与要求进行了规定。任务管理需要对每个观测任务的每个环节都做好安排，因此，制定观测方案前，充分了解 CERN 生物观测指标体系和观测规范是非常必要的。

4.4.1 CERN 生物观测任务

CERN 生物观测分为大年和小年，大年观测包括所有观测指标，5 年为一个大年，具体年度为 2005、2010、2015……依此类推。部分观测项目 5 年观测 1 次，小年可不观测，如自然生态系统的元素含量分析数据。不同生态系统的年度观测任务参见《陆地生态系统生物观测规范》（吴冬秀等，2007）中各类生态系统的指标体系。

4.4.2　生物观测关键环节工作要点

（1）样地管理

生态站基本上都有 1～2 个主观测场，数个辅观测场，几个站区调查点。在进行年度观测工作的同时，每年要进行样地维护和必要的日常管理，特别是农田站，需要选取区域内典型的农田管理措施进行施肥、灌溉、耕作等日常管理。

（2）野外观测与采样

生物观测大部分数据都是在野外由人工或仪器观测直接产生，所以野外观测与采样阶段是实施生物观测的重要工作环节。在这一阶段，生态站工作人员根据观测规范的要求，实施观测与采样，以获取不同观测项目的原始数据，并对需要进行室内分析的项目进行样品采集以备分析之用。

根据调查方式的不同，野外生物观测可大致分为三种类型：① 通过社会调查获取数据，如农田站站区调查点的施肥、灌水、产量等数据由农户记录。② 在样地内划定研究样方（样点，样株），对样方内（样点，样株）的植株进行非破坏性调查。③ 划定样方（样点，样株），对样方内（样点，样株）的植株进行破坏性调查和样品采集。对于生物观测而言，大部分属于类型②，主要包括以下几个工作环节：准备阶段（准备仪器或工具、记录表等）、样方/样株选取、观测、数据记录、样地修复等。

（3）植物样品运输、制备与保存

完成野外采样后，将样品运送回实验室，根据需要，进行样品短期或长期保存。样品测试分析前，还要根据仪器和分析方法的要求进行样品处理和样品制备，以满足仪器和分析方法的要求。

（4）室内样品分析

室内样品分析包括两方面的工作，一是一些简单的长度、重量测量的项目，在分析前只需要进行烘干、风干等处理，比如生物量、作物考种、含水量等；二是植物元素含量和热值分析项目等，需要用大型仪器进行测试。

（5）数据记录、整理、填报与复核

本环节是观测数据产生后的后期处理阶段，野外和室内分析的原始数据被记录到数据记录本，本环节将记录数据录入电脑并进行数据整理、审核、评价、上报、复核和入库。

生态站多人循环审核是一个有效的工作方式，首先，生态站观测人员对各项观测数据进行及时检查，不合格的进行复检或补测，然后提交生物观测负责人检查，检查完成后提交至生态站数据管理人员审核。管理人员（站长、副站长、执行站长）对存档数据进行定期检验和预审（每年、每季、每月），不合格的反馈至生物观测负责人进行复检或补测，直至合格后上报生物分中心。生物分中心对生态站每年上报的数据进行审验，不合格的数据返回生态站复核，生态站重新审核后根据需要进行补测，直至合格后由生物分中心上报至综合中心。生态站、生物分中心和综合中心都分别建立数据共享信息平台，实现数据共享。

（6）档案管理

档案管理指对各个数据生产环节的过程记录文档，以及不同阶段数据及其相关辅助信息文件的备份、保存与管理。档案内容包括：各项观测工作过程记录、数据审验过程记录、过程数据、仪表标定记录、仪器说明书、仪器清单、人员流动记录等。

4.5 年度任务管理案例

为了加强对任务管理的理解和应用，本节介绍两个年度工作计划方案的案例。由于每个生态站的具体观测样地、观测内容、人员配置不尽相同，因此各站在做年度任务管理时要因地制宜地制定适合本站的年度工作计划方案，不可照搬案例。

案例 1　××森林站 2010 年生物观测工作计划方案

一、样方调查

样方调查，生成表 FA01-09 数据的数据项内容。

1. 前期准备

内容：包括工具准备，调查人员培训。

负责人：执行站长×××，生物监测负责人×××。

成员：生物监测负责人×××，站上观测人员 2~3 人。

工具准备：标本夹，胸径尺，电子游标卡尺，皮尺（围样方），测绳（拉样线），GPS，笔，树签（铝牌，随时标记新树），坡度计，罗盘，固定的记录表（乔、灌、草分开）。

2. 野外调查

（1）乔木每木调查

1 个综合观测场，2 个辅助观测场，所有二级样方。

2 人一组，一般 2 个组；一个人测量、读数，一个人边记录边回报。

调查方法：按照固定水泥桩（样地边缘）、PVC 管（样地内）围样方，10 m×10 m，依次测量胸径（固定位置，铝牌处），树高用模型估算（根据历史实测胸径和树高数据，分树种建立的模型，每种 30~40 株或 10~20 株）。

※ 树号现场填写，记录表未预先填写树号。

（2）灌木

每年观测固定的二级样方（10 m×10 m），综合观测场选 10 个样方，辅助观测场选 5~6 个样方。

（3）草本

对应每个灌木调查样方，大致在样方的中间位置选取 1 个 1 m×1 m 样方进行草本调查。

（4）更新树种

调查方法：按二级样方调查（10 m×10 m），全样地调查或调查一半样地；不区分幼苗和幼树，一起调查。

3. 数据录入

录入时间：数据调查完，当天或者第二天。

录入人：本站观测人员 1~2 人。

录入方式：一个人读数，一个人录入，先形成与原始记录表对应的 Excel 电子表，完成后将电子版数据表交给负责人。

二、森林植物群落乔、灌、草各层叶面积指数

叶面积指数，生成表 FA10 数据的数据项内容。

1. 前期准备

内容：包括工具准备，软件安装，仪器调试。

负责人：执行站长×××，生物监测负责人×××。

成员：生物监测负责人×××，本站观测人员 1~2 人。

工具准备：冠层分析仪 CI-110，笔记本电脑。

2. 野外调查

综合观测场，每个二级样方一个点。

2 人一组，一个人拿笔记本、读数，一个人放置冠层分析仪并确定平衡。

调查时间：生长季每月的中旬，阴天的上午 9 时。

调查方法：打开 CI110.exe 软件，连通冠层分析仪。按照固定 PVC 管（样地内）定点，将冠层分析仪的镜头，依次放置在乔木层下、灌木层下和草本层下，确认镜头水平和软件显示的照片画面质量后，按二级样方和层次命名并保存照片。

3. 数据分析录入

分析时间：数据调查完，当天或者第二天。

分析人：生物监测负责人×××。

分析方式：应用 CI110.exe 软件对照片进行叶面积指数读数并记录在 Excel 电子表里。

三、森林植物群落凋落物回收量季节动态

凋落物季节动态，生成表 FA11 数据的数据项内容。

1. 前期准备

内容：包括工具准备，凋落物框的修整。

负责人：执行站长×××，生物监测负责人×××。

成员：生物监测负责人×××，本站观测人员 1~2 人。

工具准备：布袋、塑料袋、记号笔、毛刷。

2. 野外取样

2 人一组，一般 2 个组，分别收取各凋落物框内凋落物。

取样时间：生长季每月月底；生长季前一个月进行清理。

取样方法：凋落物框随机布设 30 个在综合观测场，10 个在油松辅助观测场，12 个在落叶松辅助观测场。将凋落框中所有物质装入对应编号的布袋内，量多时用塑料袋装取，对应记录凋落物框号。

3. 样品分析

分析时间：取样当天。

分析人：生物监测负责人×××，本观测人员 1~2 人。

分析方式：将凋落物按枯枝、枯叶、落果、树皮及杂物等分类装入信封，标注对应的凋落框号。用电子天平测量信封和样品的总鲜重，记录在专门的表格里。将装有样品的信封放入烘箱，在 65℃下烘干至恒重称干重。测量信封和样品的总干重和信封的干重并记录。

4. 数据录入

录入时间：样品分析完，当天或者第二天。

录入人：本站观测人员 1~2 人。

录入方式：一个人读数，一个人录入，先形成与原始记录表对应的 Excel 电子表，完成后将电子版数据表交给负责人。

四、森林植物群落凋落物现存量

凋落物现存量，生成表 FA12 数据的数据项内容。

1. 前期准备

内容：工具准备。

负责人：执行站长×××，生物监测负责人×××。

成员：生物监测负责人×××，森林站观测人员 1~2 人。

工具准备：布袋、塑料袋、记号笔、卷尺、杆秤、记录表格。

2. 野外取样

2 人一组，一般 2 个组，分别收取凋落物。

取样时间：生长季。

取样方法：在各永久性样地旁的破坏性样地内，随机选取 1 m×1 m 的样方（6 个在综合观测场，5 个在每个辅助观测场）。将样方中所有凋落物装入对应编号的布袋内，量多时用塑料袋装取，对应记录凋落物框。用杆秤对凋落物总鲜重进行称量后，记录读数于表格。将凋落物的约 3/4 倒回原样方，约 1/4 作为样品带回。

3. 样品分析

分析时间：取样当天。

分析人：生物监测负责人×××，森林站观测人员 1~2 人。

分析方式：将凋落物按枯枝、枯叶、落果、树皮及杂物等分类装入信封，标注对应的凋落框号。用电子天平测量信封和样品的总鲜重，记录在专门的表格里。将装有样品的信封放入烘箱，在 65℃下烘干至恒重称干重。测量信封和样品的总干重和信封的干重并记录。

4. 数据录入

录入时间：样品分析完，当天或者第二天。

录入人：本站观测人员 1~2 人。

录入方式：一个人读数，一个人录入，先形成与原始记录表对应的 Excel 电子表，完成后将电子版数据表交给负责人。负责人将样品的干重和样方内的凋落物进行换算。

五、物候观测

生成表 FA13 和 FA14 数据的数据项内容。

负责人：执行站长×××，生物监测负责人×××。

成员：本站观测人员 1~2 人。

调查方法：在站区周围固定点观测，定片或定株，每天或隔几天、早上或傍晚观测。有固定格式的原始记录表，由观测员记录原始数据，完成后交给负责人填报。

六、植物元素含量分析

生成表 FA15 数据的数据项内容。

采样方法：样品取自测量生物量的标准株（一般分种取 3~4 株）。叶子取样类似土壤"四分法"（小株取全株叶子，大株摘取相应部位一定比例的叶子，然后用四分法取分析样品）；茎样品取基干部（分枝以下部位）。

样品分析：全部样品带回分析测试中心分析。数据记录没有固定记录表，分析后将数据交给负责人录入。

七、森林动物调查

生成表 FA16 和 FA17 数据的数据项内容。

调查内容包括：鸟类、大型野生动物、大型土壤动物和昆虫等种类与数量的观测。在综合样地及其附近区域，1 次/5 年，今年需要观测，特别邀请各类动物相关专业人员完成。鸟类、大型野生动物和大型土壤动物采用样线法，昆虫采用搜捕法。

八、土壤微生物观测

生成表 FA18 数据的数据项内容。

采样方法：5 年 1 次进行土壤微生物生物量碳季节动态测定，在每个观测样地,依据作物不同生物时期，按一定路线，如"W"形的路线布置采样点，利用土钻随机采集采取具有代表性的土壤样品。

样品分析：全部样品带回分析测试中心分析，分析采用标样、平行样测定，进行数据质量控制。数据记录没有固定记录表，分析后将数据交给负责人录入。

案例 2　××农田站 2010 年生物观测工作计划方案

一、作物叶面积与生物量动态

该项工作包括：作物株高测量、群密度调查、叶面积测定、生物量测定，观测时需要多人配合。生成数据表 AA07 的内容。

1. 前期准备

负责人：生物监测负责人×××。

成员：生物监测负责人×××，本站观测人员 3～4 人。

工具准备：合尺，样品袋，作物生态指标调查原始记录表、铅笔、LI-3000 激光叶面积测定仪调试标定、1/100 电子天平标定、样品标签、1.2～1.5 m 的竹竿。

2. 取样和野外调查

（1）株高测量

综合观测场长期采样地设定 6 个采样区，小麦和玉米 10 叶前 2 人配合，一人测量、读数，一人记录，玉米 10 叶后，3 人配合，2 人测量、读数，1 人记录。

调查方法：在 CERN 长期采样地设定的 6 个采样点的固定群体调查区内，随机量取 20 个单株的自然株高。

（2）小麦群体密度调查

综合观测场长期采样地 6 个采样区，小麦观测季由本站观测人员 2 人负责调查，其中 1 人负责记录。

调查方法：小麦观测季在小麦出苗齐全后，在每个采样区内固定 3 个 1 m 的小麦行长，并准确测量平均行距，调查 3 个 1 m 行内的小麦单茎数。玉米观测季在定苗后，准确测定平均行距和平均株距，延续使用。

测量过程：将竹竿立在玉米主干一侧，一人将合尺 0 点与玉米植株顶端对齐，另一人将合尺沿竹竿拉到地面，读取数据，测得植株高度。

（3）叶面积和生物量测定

在综合观测场长期采样地的 6 个采样区进行采样，由本站观测人员负责。

测定方法：小麦在每个采样区选择有代表性的区域，准确采取 20cm 行长的小麦样品，同时准确测量采样的行距，带回实验室测定。玉米每个采样区选取有代表性的 3 个单株，同时测定采样点的平均株行距，带回实验室分析。样品取回后要迅速肢解作物的各器官（小麦样品在肢解前要准确数出 20cm 行长小麦样品的单茎数），叶片取下后就要称取叶片的鲜重，并尽快进行叶面积测定，其他部分作物的器官均要分别称取鲜重，连同测定完叶面积的叶片一起放入烘箱，进行杀青、烘干，称取干重（天平精度不低于 1/100）记录至作物生态指标调查原始记录表。

3. 数据录入

录入时间：数据调查和测定完的当天或者第二天。

录入人：生物监测负责人×××，本站观测人员×××。

录入方式：一个人读数，一个人录入，先形成与原始记录表对应的 Excel 电子表，完成后将原始记录表和电子版数据表一起交给生物数据观测负责人。

二、作物生育动态调查

生成数据表 AA06-2、AA06-313 数据内容。

负责人：生物监测负责人×××。

成员：生物监测负责人×××，本站观测人员×××。

调查方法：在站综合观测场长期采样地和土壤观测辅助观测场进行，3 点调查，每测点至少调查 30 株，每个单株均要仔细观测物候认定特征，每天或隔几天下午观测。调查结果记录至生育动态原始记录表，完成后交给负责人填报。

三、作物耕作层根生物量和作物根系分布测定

生成数据表 AA08、AA09 的数据内容。

1. 前期准备

负责人：生物监测负责人×××。

成员：生物监测负责人×××、本站观测人员 4~5 人。

工具准备，取样铲、专用测根网带、直尺、合尺、根测定原始记录表、样品标签、铅笔、1/100 电子天平。

2. 取样

成员：生物监测负责人×××，本站观测人员 4~5 人。

取样方法：根样采集采用挖掘法，作物根系生长最大期生物量和作物根系分布测定均在长期采样地之外，综合观测场之内的地点进行，作物收获期根生物量测定在长期采样地作物收获期测产样方内进行。作物耕作层根生物量测定每次采样重复 6 个，挖掘方式采用内挖式，每年两次，根系生长最大期和收获期。作物根系分布测定深度是 0~100 cm 各土层中的根生物量（分层：0~10 cm，10~20 cm，20~30 cm，30~40 cm，40~60 cm，60~80 cm，80~100 cm）；属 5 年一次的测定项目；测定时期是每季作物的成熟期；采样重复 6 个。根系取样操作均按设定方法进行。

3. 样品处理和测定

成员：生物监测负责人×××、本站观测人员 4~5 人。

样品处理：样品取回实验室后，要经过泡、冲、漂、挑得到干净的作物根系，再按规范进行烘干，最后称取根生物量干重，记录根测定原始记录表。

4. 数据录入

录入时间：根生物量测定完的当天或者第二天。

录入人：生物监测负责人×××，本站观测人员×××。

录入方式：一个人读数，一个人录入，先形成与原始记录表对应的 Excel 电子表，完成后将原始记录表和电子版数据表一起交给生物数据观测负责人。

四、作物收获期植株性状测定和测产

测定内容包括：作物收获期植株性状、作物产量、地上部总干重、单株总穗数等，生成数据表 AA10-2、AA10-3 和 AA11 数据内容。

1. 前期准备

负责人：生物监测负责人×××。

成员：生物监测负责人×××，本站观测人员 4~5 人。

工具准备：镰刀、样品标签、铅笔、绳子、记录纸、合尺、作物考种原始记录表。

2. 野外采样和测定

采样地点：综合观测场长期采样地 6 个重复；土壤观测辅助观测场空白 4 个重复，化肥+秸秆还田 2 个重复；站区调查点每点 6 个重复。小麦测产样方每个采样区采样 2~4 m²（实际的采样面积要现场取完样后准确测量），植株性状测定 30 个单茎；玉米每个采样区 35 株，用于植株性状测定和测产，一定要同时准确测定采样点的株行距，用于换算单位面积的产量。测定方法按规定方法进行。测定时 2 人配合，分别记录或测量。

3. 数据录入

录入时间：测定完的当天或者第二天。

录入人：生物监测负责人×××，本站观测人员×××。

录入方式：一个人读数，一个人录入，先形成与原始记录表对应的 Excel 电子表，完成后将原始记录表和电子版数据表一起交给生物数据观测负责人。

五、农田作物元素含量和能值测定

生成数据表 AA12 数据内容。

负责人：生物监测负责人×××。

成员：生物监测负责人×××，本站观测人员 1~2 人。

工具等前期准备：纯净水，0.1%~0.3%的去污剂溶液，样品标签，细绳，研钵。

1. 采样方法

采样按 S 形或 X 形布点，采取具有代表性的典型样株，样品采集前要用纯净水冲洗掉附着在植株表面的灰尘，等晾干后再取样，5 年 1 次进行植物微量元素测定样品，还要用 0.1%~0.3%的去污剂溶液洗涤。

2. 样品处理

样品处理要按规范进行，防止样品污染。

3. 样品分析

处理好的样品送分析单位分析，同时要插入标样和同一样品的多个重复，以考验检测单位的分析精度。

4. 数据存档

检测单位要及时返回分析数据给生物观测负责人，由其保存，并交资料室存档。

六、农田土壤微生物生物量碳季节动态

生成数据表 AA13 数据内容。

负责人：生物监测负责人×××。

成员：生物监测负责人×××，本站观测人员 1~2 人。

工具等前期准备：土钻，样品袋，铝盒，2 mm 筛，样品标签。

1. 采样方法

5 年 1 次进行土壤微生物生物量碳季节动态测定,在每个观测样地,依据作物不同生物时期,按一定路线,如"W"形的路线布置采样点,采取具有代表性的土壤样品,利用土钻随机采集表层(0～20cm)土壤。

2. 样品处理

采集的新鲜土样立即去除植物残体、根系和可见的土壤动物等,过 2 mm 筛,样品处理要按规范进行,防止样品污染,土壤鲜样注意冷藏保存。

3. 样品分析

处理好的样品送分析单位分析,同时要插入标样和同一样品的多个重复,以考验检测单位的分析精度。

4. 数据存档

检测单位要及时返回分析数据给生物观测负责人,由其保存,并交资料室存档。

七、田间管理记录

调查记录内容包括:作物布局、各种农事活动的发生日期、发生量、投入的种类、名称、投入的含量和成分等,生成数据表 AA01～AA05 的数据内容。

负责人:生物监测负责人×××。

成员:生物监测负责人×××,本站观测人员 1 人。

1. 准备

田间管理记录表、铅笔、车辆等。

2. 调查记录方式

随发生随记录。农户的田间管理原则上要实地调查记录,不具备现场调查的项目要通过电话督促农户记录,并定期检查。

3. 数据录入

调查记录数据在完成后要及时录入,由生物观测人员负责,观测季结束后交给生物观测负责人。

5 野外观测过程的质量控制[*]

野外观测是生物观测数据质量控制实施过程最重要的环节。在 2007 年出版的《陆地生态系统生物观测规范》（吴冬秀等，2007）对不同观测项目的观测方法和具体操作技术规范，进行了系统的介绍。在已有技术规范文件基础上，本章重点针对生态站近几年观测工作中遇到的问题和相关方法进展，对部分项目的观测方法和质控措施进行补充阐述，包括：乔木每木调查、乔灌木生物量模型、林冠郁闭度、凋落物生物量、土壤种子库、鸟类种类与数量、作物叶面积、作物根生物量。此外，鉴于植物图像采集技术日趋成熟，补充制定了植物数字图像标本制作规范。

5.1 共性质控措施

在整个生物长期观测工作过程实施切实有效的措施，确保各个观测项目按照统一、规范的观测规程来完成是质量控制的重点工作。多年来，CERN 积累了丰富的质量控制经验，现将一些共性的质控措施总结如下：

（1）严格执行统一的技术操作规范

各个生态站需严格遵照《陆地生态系统生物观测规范》实施生物观测，以保证数据的可比性和延续性。重点做到以下几点：

1）基于 CERN 观测规范和本站实际情况编制观测工作质量管理手册，形成各级工作人员操作蓝本，使观测工作更加具体化、规范化、文本化。

2）加强对一线观测人员的技术培训和现场操作演练指导，提高工作技能。

3）加强观测任务管理，做好各方面准备，以保证在规定时间内获得完整、规范的数据。

4）观测与采样过程中，严格按照观测规范要求进行操作和记录。

（2）实施合理的调查顺序

生物观测项目繁多，统筹安排调查时间非常必要。野外观测可分为非破坏性观测和破坏性观测两种。前者对观测主体不进行破坏性采样，比如高度、直径等的测量；后者在野

---

* 编写：韦文珊，白帆，崔清国，陈辉、邓晓保（中国科学院西双版纳植物园），樊月玲（中国科学院沈阳应用生态研究所），韩联宪（西南林业大学），李跃林（中国科学院华南植物园），苏宏新、王吉顺（中国科学院地理科学与资源研究所），吴冬秀，徐广标（中国科学院沈阳应用生态研究所），张代贵（吉首大学），张万红（中国科学院水利部水土保持研究所）。
　审稿：陈佐忠，贺金生（北京大学），黄建辉，谢小立（中国科学院亚热带农业生态研究所），武兰芳（中国科学院地理科学与资源研究所）。
注：未注明者均为中国科学院植物研究所。

外无法完成数据获取，需要采集样品做进一步测量分析，对样地或者植株造成破坏，比如地上、地下生物量的观测等。一般来说，不同观测项目的调查顺序是：先非破坏性观测，再进行破坏性观测；先进行群体观测，再对个体进行观测。

（3）明确分工，互相监督

针对不同观测项目，组成工作小组并明确分工、协同工作。在观测过程中互相监督、检查，能最大限度地防止不规范和错误操作的发生，减少数据错误带来的损失。每次观测和记录必须保证至少两人参与，数据记录人同时监督采样和测量过程，测量完毕、观测人报数，记录人口头重复一遍、得到观测人确认后记录。观测记录过程尽可能保证人员固定，有利于提高工作效率，并有效减少人员差别带来的系统误差，特别是受人为因素影响较大的观测项目更要尽量专人观测。针对不同监测项目，指定专人负责数据质量控制，要求具备较强的责任心和丰富的工作经验。主管观测的副站长和生物观测负责人对整个观测工作进行监督。

（4）规范原始数据记录

原始记录数据，是 CERN 长期观测工作珍贵的第一手资料，也是各种数据问题溯源的原始依据，要求做到：数据真实、记录规范、书写清晰、数据及辅助信息完整等。具体实施细则：

1）使用专用、规范印制的数据记录表和记录本，并规范填写和涂改。所有的观测项目均配备有规范的数据记录表格。各生态站根据本站的观测任务安排制定年度工作记录本，在记录本上编好页码，按调查内容和时间顺序依次排列、定制成本。统一使用黑色记录笔或铅笔按照数据规范要求填写数据，所有原始记录数据不准删除或涂改，如果记录或观测有误，应该将原有数据轻轻画横线标记，同时将经审核后的正确数据记录在原数据旁或备注栏，并签名或盖章，必要时需要注明情况，但不得涂改、原处字迹必须清晰可辨。

2）采用法定计量单位记录测量数据。有效数字的位数应根据计量器具的精度以及分析仪器的示值确定，不得随意增加或删除。一般保留 1 位估读数字，当测定次数很多时，最多只取 2 位估计值的有效数字；表示分析结果的小数位数，不能超过方法检出限的小数位数。对一些数据的填写规定如下：

①空白数据表示未做观测，要求进行相应注明；

②观测值为"0"，应以"0"填写，而不是留空白；

③没有观测到相应指标现象，如某种物候特征，应该备注说明"未观察到某种现象"，相应数据栏留空白；

④室内分析中的未检出数据，记录为"未检出"，并在备注中标明检出限；

3）设立专门的数据记录人

记录从头到尾应该由一人书写，以避免人为误差的发生。在记录过程中一定要遵循如下程序：测量员报数字，记录员口头重复一遍，得到确认后同时记录。

（5）注重数据辅助信息采集

数据辅助信息对长期观测数据至关重要。调查采样的同时，要求对采样时间、采样人、采样方法、采样过程和采样天气、样地环境状况做翔实的描述与记录。平时，需要记录样地管理措施、病虫害，病变，灾害。对于农田生态站而言，一方面，对各个样地的田间管理建立档案（包括施肥、灌溉、移栽、育苗、病虫害防治、喷施何种农药、轮作体系、播种量）；另一方面，在采样调查的同时认真记录采样时间、地点、天气状况、作物长势、田间水分状况、采样方法、样品量等数据。

（6）及时审核原始数据

每测定完一组数据（或一个样方），测定人和记录人共同复核数据，发现问题及时安排返测、补测。完成当天当次测定任务后，测量人、记录人、审核人分别在数据记录本上签字。

在数据记录表上附带上历年数据、进行实时对比，能当场发现问题、就地纠正，比如乔木胸径、树高调查，物候观测。在实验室数据记录过程中，记录人和测定人尽可能同时确认测试样品的编号与记录数据的编号相一致，这一点对于室内分析数据很重要。

（7）邀请专家现场指导

对于观测过程中的难点问题，或人员经验不足的情况下，邀请经验丰富的专家参与和指导野外观测，有利于数据质量的控制，如有的生态站常年邀请动物学专家指导完成动物观测任务。

（8）不断总结经验、定期培训交流、加强学习

不断总结经验能及时发现问题所在，并在以后的观测中特别注意。针对比较常见的问题进行内部交流与培训，提高观测人员观测和质量控制技能，尤其在容易出错的环节，通过交流和培训可以避免反复犯同一类错误。日常工作中，观测人员要注意学习和提高实践技能，如学习植物分类、了解各种观测对象不同发育阶段的表现，以提高操作的规范性。

（9）妥善保管和及时备份原始数据

妥善保管和及时备份原始数据，建立数据管理档案，并交给有关负责人存档。原始数据不得随意涂改，如有特殊情况，加备注进行说明，以便发现问题时查找核实。

5.2 乔木每木调查

每木调查对象为乔木树种，调查指标包括树高（Height，简称 H）和胸高直径（Diameter of Breast Height，DBH，简称胸径）（孟宪宇，2006）。每木调查是获取森林生态系统基础数据的重要途径，基于每木调查数据可得到乔木层的物种组成及群落特征，结合乔木生物量模型可估算乔木层每木、种群、群落不同层次的生物量。

《陆地生态系统生物观测规范》第 47～48 页介绍了每木调查的方法，在具体操作过程中，由于不同生态站面临的问题千差万别，因此有必要对规范进一步细化和完善。本节依据相关文献，对树高和胸径调查方法进行补充说明，并分不同操作步骤对胸径和树高测量的质控措施进行阐述，以期提高每木调查数据的质量。

5.2.1 胸径测量

5.2.1.1 方法概述

胸径测量一般采用胸径尺或游标卡尺直接测定，这是基于树干为圆柱形这一假设为前提的。胸径测量的三个要点是：① 保证测量位置离地 1.3 m 高；② 测量者于上坡位测量；③ DBH 大于 10 cm 的个体使用胸径尺测量，小于 10 cm 的则用游标卡尺测量。在实际操作中容易受乔木个体差异和人为操作等因素的影响，致使测量结果准确性不高、变异性大，

异常数据出现频率较高，数据可比性不强（表5-1）。

为避免不同测定人员带来的不确定性，消除系统误差，还可以使用植物茎秆生长测量仪（Dendrometer）进行胸径及其生长量的跟踪测定。测量仪一旦安装，位置固定，避免了测量位置的偏移和不一致，测量精度较人工测量有一定提高。但是，由于测量仪的安装和维护成本较高，尚未能够推广，其不确定性和相应质控手段还有待在未来的使用过程中发现和总结。

表5-1 胸径测量的误差来源分析

误差来源	问题描述	导致数据问题	解决途径
方法局限性	树干不规则时测不准	数据不准确	多次不同角度测定，取平均值
操作依赖性	不同时间、不同人员的测量位置和测量仪器放置方式在实际操作中容易产生偏移和不一致	数据不准确，可比性差，异常数据，重现性差	做永久标记，严格操作
仪器设备精密性	胸径尺和游标卡尺精度	数据不准确	定期维护器材
人员操作差异性	技能和工作态度差异，规范理解度不统一，随意性大	数据不准确，可比性差	强化培训、提高人员技能和素质

5.2.1.2 测量胸径的质控措施

针对胸径测量的不确定性，测量前应对测量人员开展技术培训，考核合格后按规定的步骤操作。

（1）前期准备

测量开始前务必检查胸径尺和游标卡尺是否出现变形损坏、影响到刻度的精密性，发生异常时应立即调试或者更换。

（2）测量个体选定

胸径起测径级为1 cm（含1 cm），大于10 cm用胸径尺测量，小于10 cm用游标卡尺测量。对于1.3 m处已经分杈的个体，须提供树干分杈高度，作为胸径数据的背景数据；最低位分杈的位置如果距离地面小于30 cm，该处萌条每杈算作一个单独的个体，分别编树号，最低分杈位置如果距离地面大于30 cm，无论多少分杈都作为一个个体，采用同一树号，再对分杈编号，分杈的完整编号为："树号-分杈号"，观测时对分杈分别进行测量。

（3）测量位置定位和标记

对新增个体进行首次标记，对标记模糊的个体进行标记复原，以保证每次测量位置的固定。具体操作步骤：采用1.3 m的标杆量取胸径的测定位置，用油漆垂直树干绕树茎轴中心均匀涂抹一周进行标记，标记宽度2 cm，油漆涂抹紧实、均匀、鲜明。对于附着在树干上的藤本、苔藓等附着物，应予以清除。

如果遇到不规则树干需要进行调整，以保证在典型树干处测量胸径。不同情形下树木胸径的测量位置见图5-1，总的原则是：①上坡位测量；②倾斜≤45°时按平行树干方向1.3 m处定位；③倒木按树干直立时地上1.3 m处定位；④胸高位置有树枝或结疤，在影响小的1.3 m以上或以下30 cm处定位，并备注说明实测胸高位置；⑤出现根蘖繁殖或板根现象时，在根基向上1.3 m处定位。

（4）胸径的测量

胸径尺和游标卡尺的放置位置应与胸径标记平行重合，紧贴树干。如测量位置出现树皮剥落或翘起，苔藓、藤本或附生植物生长等情况，原则上应先除去或磨平外围影响。另外，仪器围取的松紧程度应通过开展测量人员技术培训进行统一要求。

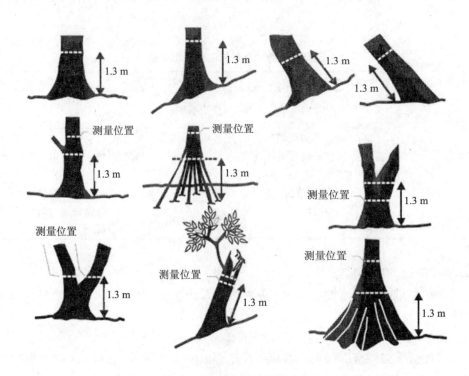

图 5-1　胸径测量位置示意图

（引自 Roberts-Pichette & Gillespie，1999）

为获取准确的测量数据，可两次在树干上交叉测量取平均值，以减少误差，尤其对于形状不规则的树干，要采用"多次测量、取平均值"的方法。胸径测量数据要求精确到 1 mm，如果不是在 1.3 m 处进行胸径测量，须同时提供实际的测量高度。不同分权的数据应分别填写，在"树号"一栏填写分枝完整编号。

测量胸径一般需要两人配合，一人测量、一人监督并读数记录。测定者从标准地的一端开始，由坡上方沿着等高线按蛇形路线向坡下方向依次检尺；在固定样地内可按照编号顺序进行每木检尺。测定者将围尺拉紧、平围树干测定胸径，记录者站在测定者对面随时观察围尺保证围在同一水平面上，测量者每测定一株树，应高声报出该树的树号、直径等，记录者复诵后再取下测尺，确认无误后再记录。

5.2.2　树高测定

5.2.2.1　方法概述

根据不同的高度级别，采用人工目测、测杆或测高器测量及树高模型估算等方法获取树高。树高 10 m 以下可用测高杆直接测定，10 m 以上通过目测或测高仪测定；树干测定条件成熟时，对于自然林可以建立当地树种的"树高-胸径"模型来估算树高。

目测采取"四分法"或"逐次累加法"。对于没有经过严格训练的人员来说，目测结果往往与实际相差甚远；即便是经验丰富的技术人员，在实际测量时也常常因为中点的确定相当难或者逐次累加时长度目测标记常产生移位，多次测得的结果偏差很大。

对于有条件利用测高杆和测高仪等测量工具进行精确测量的个体，尽量用工具进行测量，以作为其他目测个体的校正。测高杆比较适合于树干径直的个体，测量人手持 1 m 长的测高杆，逐根延伸至顶梢，记录根数，并从最下面读出 1 m 以下的实际刻度，并由另一人在高坡位用望远镜观察核对测高杆与树梢是否水平。测高仪要求同时看到在可测量范围的树干和树木顶端。但是，对于林木繁茂的森林，测高杆和测高仪的实用性均较差。植株密度较大，视线不佳、看不到树梢的情况下，可借助于周边已测树木或已知高度的参照物（如碳通量观测铁塔等）进行树高的估量。建立"树高-胸径模型"，以误差相对较小的胸径指标估算树高，可以大大降低人员差异造成的不确定性；在相同区域进行生物量的标准木砍伐或寻找满足仪器测量条件的样木（20～30 株样木），中央径阶多测，两端逐次少测，建立胸径-树高线性回归方程。但是，"树高-胸径"模型的适用性和代表性要求较高，对于不规则乔木通常可能会高估了树高。

5.2.2.2 目测树高的质控措施

（1）人员培训

目测树高与观测人员的经验有很大关系，因此不仅要保证观测人员固定，而且要加强观测人员的实践训练，培养其对树高目测的感性认识，以增加经验、减少误差、提高准确性。可利用树木砍伐等各种机会，在砍伐前对样木进行目测估计，砍倒后再用皮尺测量，对观测人员进行培训和测试。实践证明，经过严格培训目测结果误差可控制在 0.5 m 之内。

（2）其他质控措施

① 选取适当的参照物：利用方便测量的个体，如已知高度的电线杆、观测铁塔等作为参照物进行树高的估计。

② 在能看清楚树冠的地方进行目测：在山地，植株密度较大、视线不佳、看不到树尖的情况下，可站在高坡位用望远镜核对。

③ 准确测量水平距离：注意水平距离是测量点到树木中心位置，而非到树基的距离。

④ 测量者与被测树木距离不宜过大或过小：一般是水平距离与树高大约相等或稍远些，否则会产生较大误差。在坡地上测高，测者最好与被测树木在等高位置和稍高些地方，采用仰、俯视各一次读数计算树高的方法来减少误差。

⑤ 异常木的树高测定：如果遇到非直立树高测量时需要进行调整，总的原则是：a）最高点以树木最高处的顶芽为准；b）树木斜生或弯曲时，树高测量的是测量林木的高度，而非提直高度。

5.2.3 其他注意事项

（1）首次调查

样木均应安装标牌，进行一对一编号，并长期保持不变。以样地为单元进行编写，不得重号或漏号；固定样木被采伐或枯死后，原有编号原则上不再使用，新增样木编号接前期最大号续编。编号统一标注在上坡位，以便复查时方便读取。

固定标牌的钉子等材料应选用不锈钢或铝质材料，防止锈蚀。胸径大于 5 cm 样木采用钉子固定标牌，胸径小于 5 cm 样木采用铝丝固定标牌，后续长到 5 cm 后再用钉子替换。钉子要有一定长度，钉入深度保证可以固定标牌即可，切勿全部钉入树内。标牌上号码应先用机器印压后，再用漆填画，防止掉漆后字迹模糊。同一样地内标牌朝向应统一，一般应在上坡位、1.3 m 油漆标记以下 10 cm 处。

为避免漏测或重复测量，应从样地的左下角样方为起点，朝统一方向，按照编号顺序进行树高测量。

（2）每木调查的复查

每木调查要求 5 年复查一次，人工林每 2 年或 3 年复查一次（吴冬秀等，2007）。调查前应准备相应的记录表格、铝牌或塑料牌（用于幼树）等。为了直观反映样木在样地中的位置，事先根据每株样木的 x、y 坐标绘制样木位置图。对于样地内有标识作用的明显地物和地类分界线，也标示在样木位置图上，方便进行样木复查。

（3）数据检查与复核

调查时，记录表可附上历史数据、随时查错，及时发现异常，并当场纠正或在备注栏中注明原因。对于生长量过大或过小的样木，要认真复核。

胸径生长量为负值的样木不能一概确定为胸径错测木，如年均小于 0.5 cm，可默认为系统误差。胸径生长量过大（如年均超过 1 cm）的样木要认真分析，尤其应加强对大径与特大径样木的检查。对于胸径生长量异常（一般按 2～3 倍标准差判定）的保留木，要作为胸径错测木处理，重新测量。

5.3 乔/灌木生物量模型

乔/灌木的标准木生物量模型是以模拟林分内树木各分量（干、枝、叶、皮、根等）干物质重量为基础的一类模型，它是通过样本观测值建立树木各分量干重与树木其他测树因子之间的一个或一组数学表达式。这样的表达式在一定程度上反映和表达了树木各组分生物量与测树因子之间的内在关系，进而用树木易测因子的调查数据来估测其生物量（王维枫等，2008）。《陆地生态系统生物观测规范》第 54～60 页阐述了乔木和灌木生物量调查方法，对生物量模型建立方法进行了比较详细的介绍，但在标准木的数量要求等细节上需要完善。建立生物量模型包括三个主要环节：①标准木的选择；②各部位样品的采集和称量；③模型的构建，本节在细化方法的同时，系统介绍三个环节的质量控制措施。

5.3.1 标准木选择

5.3.1.1 方法

标准木是为推算树木生长量或其他指标而基于每木调查选测的有代表性的树木。代表性是标准木选定的最基本要求，也是影响测定误差的关键因子，如果标准木不能涵盖观测区树种的完整径级分布，或与该区主要树木的普遍生长状况不符，基于标准木建立的生长模型将高估或低估该区生物量，特别是超出模型适用径级的个体生物量会出现很大的异常。

常用的选择方法有平均标准木法和径级标准木法等（孟宪宇，2006）。平均标准木法是根据每木调查获得平均胸径和平均高度等平均标志值，根据标志值选择 3～5 株标准木构建生物量模型。该方法仅适用于林种单一、结构简单、分布均匀的同龄人工林，对异龄林生物量估计的效果要差一些。径级标准木法是指多次平均标准木选择的组合，即在样地内某树种所有径级中选择标准木。一般按胸径从小到大排列，分成株数相等或断面积间距相等的 3~5 个径级，然后求算出各径级的平均胸径和平均高度等平均标志值，各径级选择 3~5 株平均标准木构建生物量模型。对于固定样地，该方法涵盖了样地内各级别的树木，代表性广泛，比较准确。模型建立后可多次使用，适用于长期定位观测，是推荐采用的方法。对选定的标准木要进行立地条件、胸径、基径、树高、树冠冠幅（东西、南北两个直径方向）等指标的记录。如果需要建立更精确的模型，可增加径级数量，也可采用径阶等比法确定每个径级的标准木株数，即每个径级选取的标准木数量与对应径级所含总株数的比例达到规定值，一般为 10%。

对于南方热带和南亚热带天然森林，由于其树种组成非常复杂，每一个树种都应用径级标准木法建立生物量模型极为困难。一般选取相对重要值排序表上（从高到低）累计相对重要值≥50%的树种（热带季节雨林选取前 30%），按照径级标准木法测定结果建立单一树种的生物量估测模型；而对于相对重要值较低的稀有种或偶见种，则可按同科同属或同功能型等原则同类合并为树种组，用该组中已建立的重要值较高且形态结构相似的树种的生物量模型进行适用性替代，如该组中没有已存在的生物量模型，则将树种组等价为一个树种按照该组内的所有树木的径级进行混合树种的标准木选择，建立混合生物量模型。单一树种的标准木应不少于 10 株，树种组的标准木可根据实际数据量情况合理选定，至少应保证每径级每树种一株。

5.3.1.2 质控措施

（1）使用平均标准木法建立模型时，应根据每木调查结果，选择胸径（灌木为基径）在平均标志值附近的几株立木作为标准木，标准木胸径与胸径平均标志值相差不超过半个径阶；若以径阶等比标准木法建立模型，应确保所选标准木胸径在规定的径阶范围内均匀分布。

（2）为提高标准木取样的代表性，应在固定样地四周各个方向具有相似环境特征的地段上分别进行选取。

（3）标准木距离长期观测样地边界至少 10 m 以上，以避免取样活动对固定样地环境造成扰动。

（4）样品采集应遵循典型性取样原则，要防止选用林缘树木，以避免造成叶量、枝量的偏大。采样通常集中在生长季中后期进行，此时期植物同化速率旺盛，营养生长和繁殖生长均比较活跃，各器官间的生物量分配比例较为均衡。

5.3.2 样品采集和称量

5.3.2.1 方法

标准木选定后，进行砍伐、采样和称重。野外伐木是一项较危险的作业，所有人员应保持高度警惕，避免因伐树带来的危险。砍伐前，建议用雷达探测或生长锥钻取树心，判断树干是否出现腐烂或虫害等，因为腐烂木在砍伐过程中很可能突然倒下，造成伤害。此外，还需要根据标准木周边的情况来确定树木的倒向，确保人员安全。

标准木砍伐后，应分别对树木的各部位器官进行收获与称重。乔木分叶、干（茎）、枝、皮、果实（花）、气生根及地下部分；灌木分叶、茎和地下部分。除部分小乔木及灌木外，标准木体积和质量往往较大，超过测量仪器量程，无法实现单次称重，应分段操作。对于样品的地上部分，首先分离出叶、果实（花）、树枝，分别称鲜重。树干和树桩先去皮测定皮生物量，去皮后树干和树桩的生物量和体积较大，可以先分段，逐个称重之后累加得总重。根系生物量收获采用挖掘法，取出标准木的所有根系，清除非根物质后称重。对地上部分分枝而地下部分为一个整体的灌木，即多个基径的植株，首先单独测定各分枝的基径，然后获取该分枝的叶和枝，地下部分进行全挖收获、烘干、称重，求取同一灌丛的所有地上部分分枝基部断面积之和后反推总基径，建立生物量模型方程。鲜重称量后尽快对植物样品进行烘干、称取干重。烘干时，先用 105℃杀青 30 min，再在 65℃温度下烘干至恒重。在实际操作中，往往难以对全部样品进行烘干测定，可以采取含水量推算的方法，即采集各部位代表性小样本带回实验室测定鲜重和干重，计算含水量，再根据该部位总鲜重推算总干重。但此操作过程包含估算过程，对于幼树和灌木一般不建议采取该方法，尽量直接烘干全部样品，测得总干重。小样本采集包括：树干、树枝、叶、皮、果实、气生根、根。大枝、大根、树干小样本可以通过锯取适宜大小的圆盘采集，测定圆盘直径和双面厚度、称重，装入袋中；其他枝、叶和根小样本（每份 400～500 g）可以从代表性枝、叶、根上采集。小样本称鲜重后，装入透气的牛皮纸袋中，忌用不透水的塑料袋，避免可能带来的霉变和腐烂。小样本都需要标记好地点、树种名、样本名、重量和日期等（用防水标签或记号笔标记），并在数据表上记录对应信息。样品应尽快带回实验室称量鲜重，烘干，再称重，以避免水分损耗造成的含水率计算误差。

5.3.2.2 质控措施

标准木的采样工作较为困难，参加人员往往较多，标准木解析过程中的质量损耗、样品保存和称量方法等都可能造成误差，因此在操作过程中严格操作规范，采取针对性的质控措施是非常必要的（表 5-2）。除上节和表 5-2 中提到的质控要点外，还需要注意以下几点：

（1）分段采集样品的过程，应事先在样木周围较平的地上铺一块足够大小的塑料布，可将分解过程中产生的碎块和锯末收集起来，尽量避免生物量损失。

（2）根据最大测量重量和各部分生物量选择合理的称量量程和精度，且应事先对称量仪器进行校准。

（3）称量过程应至少有两人参与，专人记录。记录时应保证样品编号和记录表格中的编号的对应性以及记录信息的完整性。

表 5-2　标准木采样和称量的误差来源分析

误差来源	问题描述	导致数据问题	解决途径
标准木解析	分割树干时，切碎、锯末等造成的质量损耗	数据不准确，低估质量	分段操作，工作过程尽量精细
样品保存	保存不善造成样品腐烂变质、实际含水的损失	数据不准确，低估或高估质量	尽量缩短保存时间,选择透气性好，保水性好的牛皮纸袋
样品烘干和称量	烘干程度的差异 称量仪器的精度	数据不准确	定期维护、校正仪器设备
人员操作差异性	工作量大，团队工作，技能和工作态度差异，随意性大	数据不准确，可比性差	强化培训、提高人员技能和素质

5.3.3 生物量模型的建立

5.3.3.1 方法

　　将取样记录的胸径、基径、树高和各器官干重数据进行汇总。按各树种（树种组）的胸（基）径（D，cm）以及树高（H，m）作为自变量因子，建立与因变量，即乔（灌）木的各器官（叶、干、枝、皮、根和全株等）生物量（W_i，kg）的回归模型。生物量模型一般采用"胸（基）径－树高"双因子模型、胸（基）径单因子模型或树高单因子模型三种形式，具体视拟合效果确定，建议使用胸径单因子模型。曲线拟合建模可以选用幂函数、指数函数、对数函数以及直线回归、多元回归等多种线性和非线性回归方法。选用何种形式的模型直接影响生物量的估算精度，同时应明确模型的适用范围。一般可通过以下方法对模型进行检验和选择。

5.3.3.2 关键环节

　　（1）最佳模型选择

　　可选用多种形式的经验方程拟合回归关系。利用回归拟合统计量如均方差（MSD）、估计值标准误差（$Sy.x$）、相关系数（R^2）等比较各模型的拟合优度，从中选择最佳模型。

$$MSD=RSS/（n-p）$$

$$Sy.x=[RSS/（n-p）]^{0.5}$$

　　式中，RSS 为残差平方和；n 为样本个数；p 为参数个数。

　　除考虑统计学意义的最优，也应考虑实际的生态学意义。根据实际生态学意义，一般常用以下三个经验方程来拟合不同的模型：

　　　① $W_i=aD^b$ ② $W_i=aD^bH^c$ ③ $W_i=a(D^2H)^b$

　　式中，W_i 为树木各器官生物量（树干、树枝、树叶、全树），kg；D 为胸（基）径，cm；H 为树高，m；a、b、c 为待求系数。

　　对于自然林，由于种类多、结构复杂，乔木树高在实际操作过程中难以精确测定、误差较大，推荐使用①，将胸径单因子模型作为乔木生物量模型。灌木高度和基径的实测都相对容易，推荐使用②或③。

　　（2）模型的检验

　　模型建成后应用实测值对模型的可用性进行检验，计算出统计值对模型进行独立性检验。可用于检验的统计值有：

　　① 标准误差（SE）：

$$SE=\sum_{i=1}^{n}\left(\frac{y_i-\hat{y}_i}{n}\right)$$

　　② 绝对标准误差（ASE）：

$$ASE=\sum_{i=1}^{n}\left|\frac{y_i-\hat{y}_i}{n}\right|$$

　　③ 平均百分误差（ME%）：

$$ME\%=\frac{1}{n}\sum_{i=1}^{n}\left(\frac{y_i-\hat{y}_i}{n}\right)\times100\%$$

④ 平均绝对百分误差（MAE%）：

$$MAE\% = \frac{1}{n}\sum_{i=1}^{n}\left|\frac{y_i - \hat{y}_i}{n}\right| \times 100\%$$

⑤ 预测精度（$S_{\bar{y}}$）

$$S_{\bar{y}} = \sqrt{\frac{\sum(y_i - \hat{y}_i)}{n(n-p)}}$$

式中，y_i 是观测值；$\hat{y}_i$ 是预测值；p 是参数个数；n 是样本个数。

以上模型检验的各项统计值均应在 10%以内，进一步可精确到 5%以内，以保证所建立各分量生物量模型无系统偏差。可将各分器官生物量模型计算出的生物量加和值与全株生物量模型计算出的总生物量进行比较，两个值理论上应相等，偏差范围应控制在±5%。

（3）模型适用范围的说明

应对生物量模型进行统一编号，并明确模型适用的地理区域、植被类型、树种（树种组）和使用时间期限。对模型自变量（胸径、基径和高度）的适用范围进行明确限定，超出阈值范围±5%的树木将不能使用该模型进行生物量估测。选择标准木时，已涵盖了当时本区径级的典型级别，如果出现 10%以上树木超阈值的情况，则说明该模型应该更新。

5.4 林冠郁闭度

在野外观测中，林冠郁闭度和冠层覆盖度是两个很容易混淆的概念，本节首先对这两个概念进行说明，由于《陆地生态系统生物观测规范》未涉及郁闭度的测量方法，本节将介绍天空半球摄影法，并推荐此法为林冠郁闭度测量方法。此外，鉴于林冠郁闭度不能反映个体状况，推荐树冠照光指数作为林冠郁闭度的补充指标，每木调查时使用。

5.4.1 林冠郁闭度和冠层覆盖度的区别

林冠郁闭度（Canopy Closure）和冠层覆盖度（Canopy Cover）是两个极易混淆的概念（Jennings et al.，1999）。林冠郁闭度指在某个点上观测到的植被对天空半球的遮蔽比例，与林内实际的透射光环境有关，而冠层覆盖度则是植物枝叶投影对地表的覆盖程度（图 5-2）。

单树冠层覆盖度测量最常用的方法是在陆地上确定树冠的垂直投影边界，并在此基础上计算树冠的覆盖程度。对于群落尺度而言，研究者可通过在林下设置若干个观测点，观察每个点正上方是否有树冠遮蔽，通过统计被树冠遮蔽的观测点在所有样点中的比例计算冠层覆盖度（Jennings et al.，1999）。一般认为使用该方法时，不论对何种类型的群落冠层覆盖度进行观测，观测点的数量都不应少于 100 个（Newton，2007）。

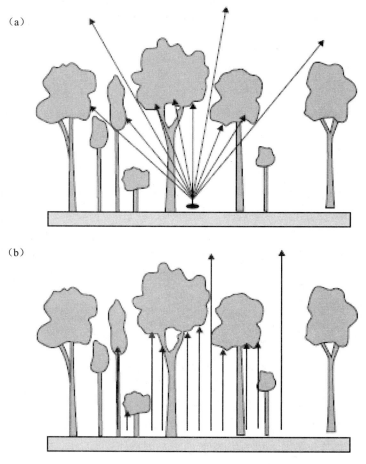

图 5-2　林冠郁闭度（Canopy Closure）（a）和冠层覆盖度
（Canopy Cover）（b）的概念区别（Jennings et al.，1999）

5.4.2　乔木层郁闭度测定

　　林冠郁闭度指在某个点上观测到的植被对天空半球的遮蔽比例，与林内实际的透射光环境有关。基于上述定义，天空半球摄影是目前测量郁闭度的最好办法。该技术通过超广角镜头（视场角 180°，也称为鱼眼镜头）在林下特定高度上垂直向上摄影而实现。由于国际上乔木测量高度一般以 1.3～1.5 m 为准，因此，进行半球摄影时，相机镜头透镜中心垂直距离地面 1.5 m。但考虑实际条件下便于操作，建议以相机焦平面距离地面 1.3 m 为准。

　　由于郁闭度定义中既包含了测量点处的垂直投影，也包含了周围的林内透射光，这实际上已经代表了一个比较大的天空遮蔽面积，因此各观测点间应保持足够距离，以免对相同树冠/林窗重复取景。建议在每个开展灌木调查的 II 级样方中心架设固定拍摄点进行观测，拍摄点间距应≥14 m（30 m × 30 m 样地）或≥20 m（50 m × 50 m 或 100 m × 100 m 样地）或大于林冠的平均高度。重复数量与灌木调查 II 级样方数量相同。

　　使用半球摄影技术计算林冠郁闭度时需特别注意以下几点：

　　（1）所用鱼眼镜头必须严格保证有 180°的视场角，以此保证对各方向光的捕捉（达不到要求的广角镜头将不能保证捕捉到全部范围的入射光，进而影响观测质量）。

（2）固定拍摄点并设置永久标记，拍摄照片时注意镜头垂直于水平面向上拍摄，以便于后期数据的对比分析。

（3）拍摄应在相对一致的清晨、黄昏或云层较为均一的阴天等散射光条件下完成。

（4）半球影像在林冠图像处理软件中通过面积或像素比例计算出林冠郁闭度。

5.4.3 树冠照光指数

由于林冠郁闭度主要描述整个群落的郁闭程度，是一个宏观指标，不能真实反映每个个体所处的实际光环境状况，因此建议以照光指数对个体光环境的郁闭程度进行评价，一般与乔木层每木调查同时进行。

Dawkins 和 Field（1978）最早提出了分级评价林内光环境的树冠照光指数概念（Crown Illumination Index），该方法在 Clark 等（1992）的研究中被引用和完善，并广泛应用于群落个体光环境的调查（Svenning，2002）。已有研究证实该方法与仪器测量结果间存在良好的相关性，是快速评价林下个体所处光环境的一种有效方法（Keeling & Phillips，2007）。

树冠照光指数按照以下标准进行分级（Clark et al.，1992），具体参见图 5-3：

1 级——树冠不受光（树冠不暴露于任何垂直或侧向光照中）（完全林下）

1.5 级——树冠受少量的侧向光，垂直方向不受光

2 级——树冠受中度的侧向光，垂直方向不受光（群落下层，附近有林窗）

2.5 级——树冠受高度的侧向光（或＜10%的垂直方向受光）

3 级——部分（10%～90%）垂直方向受光（群落中上层或林窗中央）

4 级——垂直方向完全受光，但周围仍被其他树冠所包围（群落上层）

5 级——各方向完全受光，树冠突出于林冠（群落上层）

虽然照光指数只是一个依赖于操作者对树冠位置主观辨识的半定量标准，但由于其在大范围群落调查中具有较强的可操作性，能够记录每个群落个体基本的受光情况，因此该方法可以作为半球摄影技术的补充。

5.5 森林叶面积指数

《陆地生态系统生物观测规范》第 62～64 页对森林叶面积指数（LAI）的两种常用测定方法——冠层分析仪法和称重法进行了较为详细的介绍。目前 LAI 估算方法和相关仪器很多，本节首先对各类方法进行综述，然后分别从观测点布置、仪器设置、野外观测和影像分析等方面介绍仪器测量有效叶面积指数（Effective leaf area index，LAI_e）的质量控制方法，最后基于有关方法研究结果分析不同观测仪器的优缺点，推荐使用最有发展潜力的、最为经济可行的半球摄影法（Digital hemispheral photography，DHP）作为 LAI 估算方法。

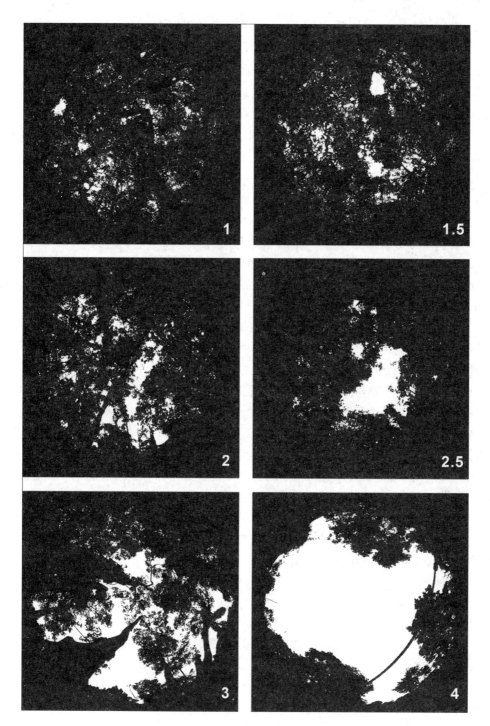

图 5-3　林冠半球照片与树冠照光指数（1～4 级）间对应关系示意图

（Keeling & Phillips，2007）

5.5.1 方法概述

LAI 估算方法分为直接测量法和间接测量法。直接测量法包括冠层收获法和凋落物收集法等，通过收获植物叶片，使用叶面积仪或激光扫描仪获得比叶面积（Specific leaf area，SLA）等估算出单位地面面积的叶面积。间接测量法又分接触测量和非接触测量。间接接触测量包括维量生长方程模型法、边材相关模型法和斜点样方法等，这些方法受到树种特定性以及树冠层结构、种群密度、季节气候等的局限（Jonckheere et al.，2004）。间接非接触测量主要有顶视法和底视法，顶视法即用传感器自上而下测量，如定量遥感观测主要基于地物/植被的反射光谱来反演植被 LAI，实现较大空间尺度上 LAI 的动态观测，但需要相应地面实测数据进行标定与验证（Garrigues et al.，2008）；底视法是用光学传感器自下而上测量，依据冠层辐射传输理论进行测定：① 基于对冠层孔隙率（Gap fraction）分析得到叶面积指数，如 LAI-2000 冠层分析仪、CI-110 冠层分析仪等；② 基于对冠层孔隙大小的分布情况（Gap size distribution）进行分析得到 LAI，如跟踪辐射与冠层结构测量仪（Tracing radiation and architecture of canopies，TRAC）等。DHP 兼具 TRAC 和 LAI-2000 的特质，是一种具有非常大发展潜力的测定方法（Leblanc et al.，2005；Ryu et al.，2010）。

目前，森林生态系统 LAI 的长期定位观测主要采用底视法，常用仪器包括 CI-110 冠层分析仪、TRAC、LAI-2000 冠层分析仪和 DHP 系统（一般由数码相机、鱼眼镜头和三脚架组成）。尽管这些光学仪器发展的初衷是观测 LAI，但鉴于森林冠层三维结构的高度复杂性和异质性，其基本组分不是随机分布的混浊介质，因此聚集效应必然存在，而且是影响 LAI 光学测量方法精度的主要误差来源之一。特别是针叶树种的叶多为簇生，普遍存在束内聚集效应。另外光学测量方法不能分辨出植被冠层的叶子和木质成分等，从而非光合组分成为影响 LAI 光学测量方法精度的另一主要误差来源（Chen et al.，1997；Zou et al.，2009）（表 5-3）。因此，这些仪器的观测结果只是 LAI$_e$，而真实的 LAI 则需要以 LAI$_e$ 为基础进行多方面校正才获得。但由于理论和仪器等方面都尚未完善，迄今仍难以形成普适的森林生态系统 LAI 校正方法，其不确定性和相应质控手段还有待在未来的使用过程中发现和总结（Weiss et al.，2004；Thimonier et al.，2010）。

尽管诸多因素决定 LAI，但 LAI$_e$ 的测定是获取真实 LAI 的基础。下面分别从观测点设置、仪器设置、野外观测和影像分析等方面介绍 LAI$_e$ 指标的质量控制方法。

表 5-3　森林 LAI 测定的误差来源分析

误差来源	问题描述	导致数据问题	解决途径
测量方法局限性	森林冠层三维结构的高度复杂性和异质性，仪器观测原理不完全一致	数据不准确	多种方法相互进行校正，并筛选出最适合的方法
操作依赖性	不同时间（天气状况）、不同人员的测量位置和测量仪器设置和放置方式在实际操作中容易产生偏移和不一致，影像分析时参数设置不一致	数据不准确，可比性差，异常数据，重现性差	测量时间选择标准统一、位置做永久标记，严格操作仪器和影像分析软件
仪器设备精密性	仪器影像的分辨率、清晰度	数据不准确	定期维护器材
人员操作差异性	技能和工作态度差异，规范理解度不统一，随意性大	数据不准确，可比性差	强化培训、提高人员技能和素质

5.5.2　有效叶面积指数（LAI$_e$）观测的质控措施

5.5.2.1　观测点的设置与标记

在观测场内选择一定数量的 II 级样方，原则上以其对角线的交叉点为观测点（当遇到大树或大石块时，可根据实际情况按等高线偏移），用 PVC 管或水泥桩作为定位标记，以便重复连续测量。为了避免重叠取样，每个观测点之间水平距离应大于 15 m；同时，为了减少边缘效应的影响，每个观测点与样地边界线之间水平距离应大于 10 m。

5.5.2.2　观测频率和时间

LAI$_e$ 需要进行完整的季节动态观测。正常情况按每月一次，原则上与凋落物收集同期开展。为减少总体散射对 LAI$_e$ 的低估，野外观测应在晴天无风的清晨和傍晚（太阳高度角低于 75°）或阴天进行。LAI-2000 可通过正确使用各种视野盖帽（主要包括 45°、90°、180° 和 270°等），从传感器的视野中去除太阳、操作者以及天空亮度不均匀等现象的影响，可全天候进行野外测量。在展叶期和落叶期，应增加观测频度，为每月两次。对于落叶林，需要在生长期开始之前和生长期完全结束之后分别进行一次观测，观测值作为木质组织的本底值。

5.5.2.3　野外观测及图片分析

测量前应根据以下内容对测量人员开展技术培训、考核，且必须按步操作。

（1）观测仪器的前期准备

提前对仪器进行充电。出发前务必检查仪器操作系统和支撑系统是否正常，必须对镜头进行清洁检查。

（2）观测仪器的摆放和操作

为了减少山区局地坡度造成的地形效应的影响，仪器的鱼眼镜头均设置为平行于坡面进行观测。镜头的高度根据观测目的和林分结构的实际高度（如乔木下枝高度、灌木层高度、草本层高度等）情况而定。每个观测点的各层观测高度一旦确定，应该分别记录下来并固定不变。具体操作时需要尽量从传感器的视野中去除太阳、操作者以及天空亮度不均匀等现象的影响和排除邻近高大灌木和树干的干扰。

LAI-2000 在数据处理时需要用到冠顶或附近空旷区域辐射参考值。为了提高观测精度，建议使用两台型号相同且经过相互标定的 LAI-2000 进行同步测量，一台置于林外开阔的空地上每隔 30s 测量一个值（A），另一台在样区测量冠层下的值（B），将测量时间最接近的 A 值插入到对应的 B 值后计算 LAI$_e$。在林分密度大的林区及复杂地形区，往往由于缺少理想的辐射参考值而难以得到精度可靠的测量结果。

DHP 摄像时曝光及快门设置均为自动，采用延时 5s 拍摄以保证成像时相机稳定，图片保存为较高精度的 TIF 或者 JPEG 格式。

（3）LAI$_e$ 数据选取和软件处理

在进行图片处理时，首先人工对图片进行检查，如发现太阳、操作者影响以及天空亮度不均匀等现象时，应该去除相应区域。原则上同一个观测点不同层次图片分析的区域或者对象都应该严格保持一致，否则容易产生异常值。

为减少山地大地形的影响，建议只读取 LAI-2000 第 3 或 4 环（天顶角为 38°或 53°）对应范围内的测量值。CI-110 影像在应用 CI-110 Plant Canopy Digital Imager（Version 3.0）

处理时也只考虑第 3 或 4 环内的测量值。

TRAC 测量数据采用 TRAC Win 软件处理，输入观测点经纬度、叶片特征宽度（由野外实测）和其他校正参数（根据野外实地目测数据或参考文献确定）。DHP 图片通过 DHP-TRACWin.exe 进行处理。图片处理过程均使用蓝光通道进行分析，在该通道内蓝天和白云的像素均被视为空隙处理，可以较好地分辨植被与空隙；γ 值均设定为默认的 2.2；每一环的阈值均设置为自动。

5.5.3 对测定方法的建议

CI-110 冠层分析仪的图像分辨率比较低，在森林生态系统中其观测值明显低于真实值，单独使用时可能会产生很大偏差，不建议继续用于森林生态系统 LAI 长期观测。LAI-2000 冠层分析仪的测量值比较接近真实值，但 LAI-2000 价格较高，且森林具有较高的冠层，实际操作中读取 LAI-2000 的天空空白值比较困难，必须要求在样地附近具备高于冠层的制高点或配备完全一致的两台仪器。因此，LAI-2000 的普及推广应用有一定难度。TRAC 植物冠层分析仪采用独特的创新技术，在冠层下方沿着横断面测定植物冠层吸收的光合有效辐射分量，然后将之转换为林隙比例分布，从而计算出叶面积指数等其他参数如非光合部分（α）校正系数、聚集效应（Ω_e）系数等。如能与 LAI-2000 相结合使用，将为估算真实 LAI 提供非常理想的数据基础。

相对而言，DHP 则是一种兼具基于对冠层孔隙率分析和基于对冠层孔隙大小的分布情况得到叶面积指数的仪器，其测量的 LAI_e 值与真实值具有非常高的一致性。从实际操作来看，DHP 可以由测量者基于数码相机和鱼眼镜头组合构成，相对于成熟的商业仪器具有价格低廉的优势，且操作方法与日常的数码照相相似，对场地要求亦不严格，接受度较高。因此，与其他间接测量方法相比，DHP 方法成本较低，从机理和功能上都兼具 TRAC 和 LAI-2000 的特质，在冠层信息永久记录、冠层半球方向直射光及散射光分布测量、冠层聚集效应评估及结构参数测量等方面优势明显，是最有发展潜力的、最为经济可行的一种 LAI 估算方法。

5.6 凋落物回收与现存量

凋落物是指植物在生长发育过程中主动或被动地凋落于地面的叶片、枝条、花果等（吴冬秀等，2007），是植物群落"死"生物量的重要组成部分。凋落物的收集与测定是研究自然生态系统结构与功能不可缺少的一部分，又分为现存量和回收量。凋落物现存量指单位面积上地面凋落物的干重。凋落物回收量指一定时间内新形成的凋落物干重。

《陆地生态系统生物观测规范》第 60～62 页、第 135～136 页分别对森林和荒漠的凋落物调查方法及相关注意事项进行了比较详细的阐述，本节重点对调查过程的质控措施加以总结和完善。

5.6.1 凋落物回收量季节动态

（1）方法概述

凋落物动态回收在不同的自然生态系统采取不同的方法。在森林生态系统常采用凋落物收集器法，收集框总面积之和不应小于样地面积的 1%。在荒漠生态系统，乔、灌木一般比较低矮、稀疏，采用收集器法很难取得准确数据，一般使用剪取法和样方法。对于草地生态系统一般采用样方法，按种分拣，且将立枯和凋落物分开。

（2）质控措施

① 收集框要水平放置，保证取样的实际面积，收集凋落物时应同时对凋落物框进行检查，对于发生变形的凋落物框，应及时给予更换。

② 收集框离地面约 50 cm，太高不易于凋落物收集，太矮容易因地面湿度过大而引起凋落物自身的分解。

③ 凋落物一般每月收集一次，收集时间固定为月末或月初。在雨季、有风天气或凋落物高产季节可以考虑缩短采样间隔，以免因为凋落物降解、被风吹出收集框或满出框而影响数据的准确性。南方森林可根据气候和森林类型的特点增加收集频率。北方森林应在生长季前一个月和生长季后一个月进行补充收集和收集框清空工作。在凋落物盛季，如北方森林站的秋天（9 月、10 月，风大落叶量大时）增加凋落物收集次数。

④ 按时收取凋落物，及时分拣。每次收集时应检查凋落物收集框的水平状况与完好状况，做好野外收集日志，收集框倾斜或破烂则应在备注栏目里注明，并及时更新。有时候凋落物较多，可以在野外称取总鲜重，然后按比例取一定数量的样品进行分析。为了确保数据质量，凋落物回收后应尽快进行风干、分拣、烘干、称重等一系列分析处理，尤其是在雨季凋落物含水量大或是温度较高时凋落物容易腐烂。

⑤按统一、固定标准对枝、叶、果、皮、花、虫粪、杂物等进行分组，对于无法识别的凋落物种类，则统一归入杂物部分，最后并入总凋落物量。

⑥ 采用剪取法时，两次采样间隔期间脱落的一些凋落物可能未被测到。为了解决这一问题，可将该法与样方法配合使用。

5.6.2 凋落物现存量测定

（1）方法概述

凋落物现存量的测定比较简单，按样方（一般为垂直投影 1 m×1 m）取回样品，分器官烘干称重即可。需要注意的是：由于凋落物现存量季节变化很大，一般在现存量最少时期（即植物生长盛期）观测；样方要求设在凋落物回收量收集框邻近；观测应尽可能保护样地，如现存量较多时，建议按比例取样方中的部分样品，通过换算求出样方总凋落物量，样品烘干称重后应该及时放回原处。

（2）质控措施

① 长期观测固定样地各组分区分标准应前后统一，标准一致，注意土壤表层及凋落物层的区分。

② 收集点应在郁闭的林冠下，切忌在离树干过近或在凋落物框过近的地方收集，树干较近的地方人为活动性太强，凋落物框周围可能会因回填不均从而导致误差。

③ 取样时，样方固定，沿样方边缘切割凋落物层，切割刀具应尽量锋利，禁止带入样方外凋落物，样方内凋落物需保证全部拣起称重，取样完成后应及时对凋落物进行现场均匀回填。

④ 为了分类方便以及避免凋落物与周围凋落物混合，取样时可带上一块较大的纱网，

把凋落物全部转移到布上后再进行分类，避免泥土杂物的带入。

⑤ 直径<5 cm 的枯死木包括在凋落物层中一并进行测定。直径≥5 cm 的枯死木计入倒木中测定。

5.6.3 其他注意事项

① 收集的样品如无其他用途应尽量放回样方原位置，以减少对样地的破坏。

② 凋落物层若按未分解层、半分解层、完全分解层分层取样，分层标准：未分解层，凋落物叶、枝和果等保持原状，颜色变化不明显，叶型完整，外表无分解的痕迹；半分解层，叶无完整外观轮廓，多数凋落物已粉碎，颜色为黑褐色；完全分解层，多数凋落物已粉碎，叶肉被分解成碎屑，看不出其种类（陈立新等，1998）。

5.7 枯立木和倒木生物量

在生物观测指标中，枯立木和倒木生物量是森林物质循环观测项目的一项重要内容，然而，生物观测规范中没有涉及相关的调查方法，本节介绍枯立木、倒木生物量调查取样的常用方法（温达志等，1998；吕明和等，2006；唐旭利等，2003，2005；杨方方等，2009，2010；Brown et al.，1995；Yang et al.，2010）。

5.7.1 概念

枯立木指森林中未伐倒的、处于直立状态的枯死木。枯死的原因多样，可能是树木缺水、缺营养元素、病虫害、雷电伤害，或自然死亡等。倒木指森林中倒伏的枯死木，有些是被大风吹倒的（风倒木），也有因泥石流倒地的。枯立木和倒木是森林生态系统中木质残体生物量的主体。

5.7.2 调查方法

5.7.2.1 工具

胸径尺；皮尺；油锯或手锯；纸袋；标记笔。

5.7.2.2 调查方法

（1）观测方法概述

枯死木生物量的观测包括以下主要环节，首先，在野外测量枯死木的直径、长度/高度，计算得到枯死木的体积，然后取样测定密度，最后根据体积和密度换算得到其生物量。

枯死木的调查与乔木调查可同步进行。对选定的 II 级样方内所有直径≥2.5 cm、长度≥1 m 的枯立木进行测量，记录树种、分解状态，测定胸径、树高、树干高度，同时估测树干顶部直径。对所有直径≥5 cm、长度≥1 m 的倒木进行测量，记录树种、分解状态，测定长度和中央直径。对于直径<5 cm 的倒木，归为地表凋落物测量。

枯立木又可划分为两类。第一类，树干树冠几乎完整，除了树叶凋落外，其他特征与活树相似，测量胸径、树干顶部直径、树高、树干高度。第二类，包含干折木、冠折木等，测量胸径、树干顶部直径、树干高度，胸径用胸径尺测量，树木（树干）高度用测高仪测量，树干顶部直径则需要估测（图 5-4）。

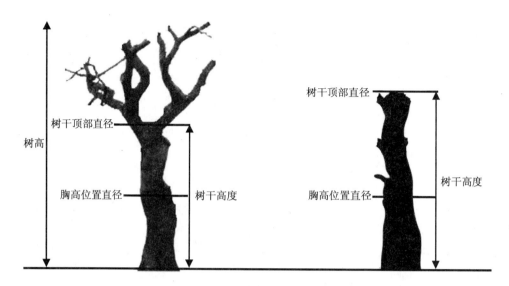

图 5-4 枯立木测量位置示意图

（2）枯死木分解等级划分

基于 Sollins（1982）制定的标准及温达志等（1998）和唐旭利等（2005）的方法，将枯死木分为如下 3 个分解等级：

轻度分解：树皮、侧枝完整或已缺损，边材完好。砍刀不会陷入木材中（被弹开）；

中度分解：树皮大部分脱落，边材部分腐烂。砍刀部分会陷入木材中，且已经有部分木材损失；

重度分解：树皮全无，边材大面积腐烂，心材部分腐烂。砍刀陷入木材中，有更大范围的木材损失，且木材非常易碎。

（3）枯死木样本采集和生物量计算

采集各个密度级的木材标本以测定密度（单位容积的干重）；木材样本的数量取决于样地内不同树种之间的差异大小，但各个密度级内的每个物种种组至少要采集 10 个样本。比如，对于硬木和软木混交林，每个树种组都需要按每个密度级采集 10 份枯木标本，即硬木树种共采集 30 份标本，软木树种也同样采集 30 份。操作步骤如下：

1）用油锯或手锯从选中的一段枯木上切下完整的圆盘（图 5-5）；

2）测量圆盘的直径（L_1，L_2）和厚度（T_1，T_2）来测算体积，样本的大小应记录在数据表中，可以不记录圆盘的鲜重；

3）将样本放入纸袋，带回实验室；

4）用烘箱以 70℃温度干燥圆盘，直到恒重；

5）称出圆盘的重量；

6）计算体积、密度。

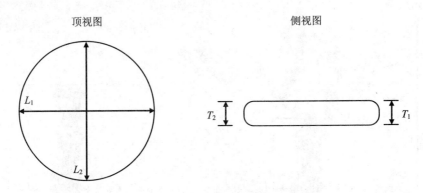

图 5-5　测量枯死木圆盘样本的方法

区分枯死木木段，计算每个密度等级（坚实、中等、腐烂）的木材密度。由质量和体积计算密度，采用下列公式：

$$密度（g/cm^3）= 质量（g）/ 体积（cm^3）$$

式中，质量=烘干样品的质量；体积 = π（平均直径÷2）^{2}×倒木的平均长度。

将各种密度进行平均后则可获得适合于每个等级的单一密度值。因为每个密度等级是分开的，按照下列方法计算体积：

$$体积（m^3）= π^2×\left[\frac{(d_1{}^2 + d_2{}^2 \cdots d_n{}^2)}{8L}\right]$$

这里 d_1，$d_2\cdots$=枯死木各个横截面的直径，L=木块长度。

然后，由体积和密度计算枯死倒木生物量，公式如下：

$$枯死倒木的生物量（t/hm^2）=体积×密度$$

表 5-4　枯死木现存量调查记录表

样地经纬度：E_____N_____

样地代码：_____　　样方号：_____

调查人员：_____　　记录人：_____

调查日期：_____年_____月_____日

样方编号	植物名称	长度/m	中间位置直径/cm	分解程度			生物量		备注
				轻	中	重	鲜重/g	干重/g	

5.8 荒漠土壤种子库

土壤种子库是荒漠生态系统的观测项目之一。土壤种子库作为地上植被潜在更新的重要种源，很大程度上决定了植被演替的进度和方向，在植被自然恢复和演替过程中起着重要作用，在环境恶劣的荒漠地区这种作用更加明显。

《陆地生态系统生物观测规范》第140～141页对土壤种子库的调查步骤进行了简单介绍，共包括取样、种子分离、种子数量的计算、种子鉴别和种子活力测定5个步骤，本章将阐述样品采集、种子分离两个关键步骤的具体操作方法及其质控措施。

5.8.1 样品采集

由于种子在土壤水平和垂直方向上分布极不均匀，所以减少取样的随机误差，提高取样的精确性，是研究土壤种子库的首要问题。到目前为止，野外取样方法主要有随机法、样线法、多样点法等（白文娟和焦菊英，2006）（表5-5）。

表5-5　土壤种子库样品采集方法比较

取样方法	描述	优点	缺点
随机法	在研究的样地上随机地取一定量土样的取样方法	简单易行	不适用于空间异质性高的环境
多样点法	从大样方内的子样方再分亚单位小样方，形成多级样方，土壤种子库取样点分别设在一级样方、二级样方、三级样方的中心，整个样地上空间取样点为规则网格结构	准确度高	过于复杂，野外操作困难
样线法	在研究的样地中设置一条长样线，在样线上每隔几米设一个小样方，样方大小依研究内容而定	取样全面	为保证取样代表性，需较大的样方数量

在观测场中取样，随机法和样线法均可采用。样方应设置在人类干扰轻微的地点。取样时要注意微生境，灌丛下和灌丛间要分别取样，其数量比例根据各自的面积而定。样方取样以"大数量的小样方方法"比较准确，所以取样数量越多代表性越好；异质性相对不高的主观测场和辅观测场也可采用"小数量的大样方方法"，即设置15～20个20 cm × 20 cm的样方。

取样时间会直接影响土壤种子库的调查结果，观测永久土壤种子库应在种子成熟散布前（9月份左右）取样；综合判定瞬时土壤种子库和永久种子库，应该在种子开始萌发之前（4月份左右）取样（闫巧玲等，2005）。

采样前，注意检查工具的完好性和准确度，取样工具包括：20 cm的样方框数个；平整的土壤刀；土壤袋；钢尺；铁锹；土铲。

具体操作方法：用铁锹挖出方便操作的土壤剖面，并用土壤刀修整后开始取样。首先将样方内地表上明显的枯枝清除，开始用土壤铲取样品，保持视线与直尺刻度平行控制取样深度，分层取样。按照CERN操作要求，将地表0～20 cm分为5层，每4 cm一层。

5.8.2 种类分离

种类分离是土壤种子库观测的基础，也是最关键的环节。常用的方法有物理法和种子萌发法。

（1）物理法

物理法又分为漂浮法和网筛法。漂浮法是用盐溶液淘洗土样，利用密度差异而把种子从其他机体及矿物质中分离出来。网筛法是用各种大小网孔的筛子冲洗土样，网筛分选减小土样的体积后，在体视显微镜下查找种子。种子分离后用"四唑染色法"鉴定种子活力（傅家瑞，1985）：将 2,3,5-三苯四唑氯化物（TTC）称得 1 g，加重蒸水 100 ml（pH 6.5～7.0）作为染色剂，把植物种子用蒸馏水冲洗干净，浸泡 2 h 后，吸干种子表面水分，横切不断裂，放入 TTC 溶液中，在 35～40℃温箱内染色 2 h，然后从 TTC 溶液中取出种子在放大镜下区分着色及未着色种子：着色种子是有生活力的种子。

漂浮法和网筛法仅适用于分离粒径较大的种子，分离后需要进行种子活力鉴定，过程比较繁琐。可采用比较简单、直接的种子活力鉴定方法——"胚检验法"，即种子完整、具有汁液、油性及新鲜的胚的种子被认为是有活力的种子（Pake & Venable，1996）。采用物理分离法时，大种子分离捡出后，镜检之前要熟悉当地的种子形态，以确保鉴定结果的准确性。

（2）种子萌发法

在种子库土样进行种子萌发测定前，一般要进行水洗浓缩预处理以降低土样占地面积，并提高种子萌发率。水洗浓缩具体操作方法是：将土样在不同规格网眼（一般 0.5 mm 和 0.1 mm）的土壤筛中用自来水冲洗，直到土样中的污泥冲洗干净，体积浓缩。水洗浓缩后将土样剩余物（主要包括植物凋落物、种子和沙子）在 5℃冰箱中冷层积 60 d，以打破休眠。然后将土样置于温室，给予其最理想的萌发条件，即适当的光、温、湿度条件，使存活的种子尽可能全部萌发，并定时记录种苗数目，鉴定种苗种类。此方法虽然种子萌发持续时间较长（1 年甚至更长），但简单、准确度高，是目前较为常用的方法（Ter Heerdt et al.，1996）。

具体操作方法：将土壤置于温室的盘中，平铺不超过 1 cm 一层，1～2d 喷水一次，保证土壤表层以下湿润，并保持白天空气温度 25℃左右，晚上 15℃左右。前期萌发较多时每日记录萌发数量，后期较少时可 3～5d 统计一次。对于较难识别的幼苗，可以将其移栽至花盆中，长大后再进行鉴定。在萌发一段时间后若不再有幼苗出现，可以将土样翻过来，再用之前的方法继续在温室中进行萌发观测，直到不再有幼苗出现。

种子萌发法最重要的就是持续时间，包括冷层积时间和萌发持续时间，如果持续时间不够长，则无法准确获得观测结果。冷层积需要 2 个月以上，萌发实验需要 6 个月以上。萌发实验过程中，需要注意不要有外界其他种子进入造成污染。

5.9 鸟类种类与数量

鸟类种类与数量是森林、草地和沼泽生态系统生物观测的观测项目之一。《陆地生态系统生物观测规范》第 75～78 页对常用的调查方法、种类鉴定和数量统计方法进行了阐述，本节在此基础上，进一步细化调查方法及相关记录表，并对新方法进行介绍，重点介绍调查中的注意事项和质控措施。

5.9.1 调查时间

南方生态站选择春、夏、秋、冬 4 个季节进行观察，某些北方生态站和自然条件恶劣的高海拔生态站选择春、夏 2 个季节进行观察。每个季节选择最能体现季节特点的月份进行观察。每个观察月份连续观察 3～6d，观察次数不少于 6 次。观察时段应选在鸟类活动高峰期，春、夏季为日出后 2 h，日落前 2 h；秋、冬季为日出后 2～4 h，日落前 1～3 h（6：00～9：00，傍晚 4：00～7：00）（喻庆国等，2007）。观察应在晴朗无风的良好天气进行，如遇大风降温、下雨等不良天气，观察可向后顺延至晴好天气继续进行。

由于各生态站所处纬度不同，海拔高度不同，鸟类活动高峰期时间与文献记述会有较大差异。此外，不同季节鸟类活动高峰时间也会发生变化，各生态站应依据当地情况确定本站各季节鸟类观察的最佳日期及其时间段。

5.9.2 调查方法

5.9.2.1 样带法（路线统计法）

（1）方法概述

样带调查法简单易行，是鸟类观测调查中使用较多的方法。根据主观测场的面积大小以及森林或生境的代表性，确定样带长度和宽度。森林样线长度一般取 1 000～2 000 m，对于草原、荒漠及其他开阔的生境类型取 3 000～5 000 m。调查路线可以利用生境中道路或小路，也可以设置专门的调查截线，调查开始前应完成截线的障碍清理和标记。统计线路的单侧宽度依据生境类型及可见度确定，森林生境建议取 10～50 m，草原、荒漠建议取 50～100 m。观察时调查者按 1.5～3 km/h 速度行进，使用双筒望远镜观察记录鸟的种类和数量。依据鸣叫声可以鉴别种类和数量的鸟类，尽管没有看见实体，如果鸟在样带范围内，应予记录。

样线长度和宽度相乘得出调查面积，依据观察结果求出样带单位面积上遇见的鸟类种类和数量，记录格式见表 5-6。

表 5-6 定宽样带法鸟类调查记录表

调查地点：＿＿＿＿＿＿＿＿＿＿ 路线长度：＿＿＿＿＿＿＿＿ 样带宽度：＿＿＿＿＿＿＿＿

调查日期：＿＿＿＿＿＿＿＿＿＿ 起止时间：＿＿＿＿＿＿＿＿ 行进速度：＿＿＿＿＿＿＿＿

生境描述：＿＿＿＿＿＿＿＿＿＿＿＿＿＿＿ 天气情况：＿＿＿＿＿＿＿＿＿＿＿＿＿

调查人员：＿＿＿＿＿＿＿＿ 审核人员：＿＿＿＿＿＿＿＿ 审核日期：＿＿＿＿＿＿＿＿

中文名	拉丁名	数量/垂距	备注

对调查中遇到不认识的鸟和不能确定种类的鸟类鸣叫声，有条件的生态站可采用数码相机或摄像机进行拍摄或录音，返回基地后再进行核查。调查中的某些关键内容，也应拍摄照片或录像，返回基地后核查。

（2）质控措施

① 调查应在晴朗无风的清晨、傍晚或上下午鸟类最活跃的时段内进行。调查者携带望远镜、鸟类野外手册、记录表格，沿事先设定好的路线按固定速度行走，记录所有被发现的鸟类和调查起止时间。调查时只记录路线两侧限定宽度范围内和前方看到及听到的鸟类种类和个体数量。调查时由前向后飞的鸟应记录，而由后向前飞的鸟不予统计，避免重复统计。

② 鸟类种类和数量的发现率受调查者行走速度影响。在固定距离范围内行走速度加快，鸟类密度下降，因花费在每一个体的发现时间减少，会造成漏记，另外调查者快速移动可能会惊跑一些鸟。但如果行走太慢，加上鉴别种类也需要一定时间，可能造成部分鸟类个体的重复记录。所以，调查者的行进速度要控制在适当范围并相对固定，行进过程最好不要间断，观察鉴定和记录的停留时间应尽量短。

③ 观察统计时可两人协同，一人负责观察识别鸟类种类和数量，另一人负责记录；若一人观察统计，可使用录音器材边观察边口授记录，回到基地后再将录音整理为文字记录。

④ 样带法对样线宽度非常敏感，如果在 1 km 长的样线上，25 m 的单侧宽度存在 10% 的误差，即 2.5 m 估计距离的误差，转换成面积后就有 0.5 hm^2 的面积误差。在野外调查中，准确估计鸟类和样线之间的距离比较困难，特别是只听到鸣叫声并没有看到实体的鸟类。为提高观测数据质量，观测人员应事先在调查样线两侧定宽处每隔 20～30 m 拴上彩色塑料标记带，或用红色油漆标记，以减少目测距离估计误差。有条件的生态站可为观测人员配备量程 50～100 m 的激光测距仪，用于准确测量距离，以确定观察的鸟是否在样带限定的宽度范围内。

⑤ 鸟类观测的困难是比植物难以观察，鉴定种类和统计个体数量需要更多的经验，参加鸟类观测的人员应具备较好的鸟类识别能力。各生态站可与相关科研院所合作，整理出本生态站的鸟类名录，供观测人员观察统计时参考。同时加强观测人员技术培训，提高他们鸟类识别能力和观测能力。

⑥ 缺乏鸟类观测人员或鸟类观测能力较弱的生态站，可选择本站生境类型中有代表性的鸟类作为观测对象。

⑦ 在最适合的时间进行观测。某些生态站某个季节气候相对恶劣，并不适合开展鸟类观测，可依据具体情况调整观测的观察统计日期和时段。

5.9.2.2 样点法（固定半径样圆统计法）

（1）方法概述

样点法实质为调查者行走速度为零的圆形样方观察统计方法，20 世纪 70 年代开始在野外调查中采用，随后得到较大发展，样点法适用于地形复杂区域，便于根据地形、海拔、植被等不同生境类型分层取样。

在每种生境类型中选择若干统计点，在鸟的活动高峰期，逐点以相同时间长度（通常为 5～20 min），观察记录鸟类种类和数量。观察样点半径依据生境类型确定，通常为 10～50 m。统计样点应采用随机方法或系统抽样方法确定，也可以将样点固定在综合观测样地的 4 角位置。为保证各样点观察统计的独立性，避免重复记录，两样点间距离应大于鸟鸣距离。这里所说的鸟鸣距离，依调查地区鸟的种类和鸣声大小而确定。在繁殖季节，一些鸟类的雄鸟占据一块地域，以鸣唱等方式宣示这块地域属于自己，不容许同种类的雄鸟进入时的占区鸣叫比较响亮，例如，繁殖期间白腹锦鸡、雉鸡、大拟啄木鸟、朱鹮、棕颈钩嘴鹛等鸟类的占区鸣叫比较响亮，可以在 500～1 000 m 的距离外听到，如果观测是既要观察统计所见鸟类个体数量，又要记录听到的这些鸟的鸣叫声，两个样点的距离需要相距 1 000～1 500 m。但是大多数小型鸟类的鸣叫声传送距离约为 100～200 m，如果样点观测只记录观察到的小型鸟类实体，两样点相距 300 m 较为适合。如果在 1 hm² 的固定样地四角位置以样点法观测鸟类，则只能记录观察到的鸟类实际个体，而不能记录鸟类鸣声，若同时记录鸟类鸣叫声，因样点彼此距离小于鸟鸣声传送距离，会有重复记录。记录格式见表 5-7。

表 5-7　样点法鸟类调查记录表

调查地点：＿＿＿＿＿＿＿＿＿＿　间隔距离：＿＿＿＿＿＿＿　样点半径：＿＿＿＿＿

调查日期：＿＿＿＿＿＿＿＿＿＿　统计时长：＿＿＿＿＿＿＿　天气情况：＿＿＿＿＿

生境描述：＿＿＿＿＿＿＿＿＿＿＿＿＿＿＿＿＿＿＿＿＿＿＿＿＿＿＿＿＿＿＿＿＿＿

调查人员：＿＿＿＿＿＿＿　审核人员：＿＿＿＿＿＿＿　审核日期：＿＿＿＿＿＿＿

样点号	起止时间	中文名	拉丁名	数量	备注

简化的样点统计法即"线-点"统计法。先选定一条统计路线，隔一定距离如 100～300 m，标出统计样点，在鸟类活动高峰期逐点停留（如 5～10 min），观察记录鸟类种类和数量，但在行进路线上不做统计。这种方法只统计鸟的相对多度，可以了解各种类的相对多度及同一种鸟的种群季节变化，记录格式如表 5-8 所示。

表 5-8　无半径样点法鸟类调查记录表

调查地点：＿＿＿＿＿＿＿＿＿＿＿　样点间隔距离：＿＿＿＿＿＿＿＿＿＿＿

调查日期：＿＿＿＿＿＿＿＿＿＿＿　天气情况：＿＿＿＿＿＿＿＿＿＿＿＿＿＿＿

生境描述：＿＿＿＿＿＿＿＿＿＿＿＿＿＿＿＿＿＿＿＿＿＿＿＿＿＿＿＿＿＿＿＿＿

调查人员：＿＿＿＿＿＿＿　审核人员：＿＿＿＿＿＿＿　审核日期：＿＿＿＿＿＿＿

样点号	起止时间	中文名	拉丁名	数量/垂距	备注

总的来说，"样点法"具有如下特点：

① 时间观察更多，提高鸟类发现率，同时消除了调查者行走速度的影响。

② 可确切地反映栖息地和鸟类之间的关系。

③ 每个样点统计范围、统计时间固定，适合进行比较研究。

④ 样点比样线统计更具独立性，因此统计得出的平均密度值更具统计意义。

⑤ 和固定宽度的样线法比较，固定半径样点法遗漏率相对较小，但在植被覆盖非常茂密的栖息地内，可能会出现所有鸟类个体全部被遗漏的情况，应适当缩小样点观察半径以减小漏计造成的误差。

（2）质控措施

① 样点法对调查者的要求与样带法相同。

② 样点半径越小鸟类被发现可能性越大，受惊飞出的机会越大，由此统计的鸟类数量、种类和频率也越小，而有些鸟类只能在一定距离内才能发现。通常森林中样点半径为 10～30 m，开阔地带为 50～100 m。

③ 样点法中，距离估计误差造成的影响大于固定宽度的样线法。可事先在观察样点半径的 4 个象限点拴上彩色塑料带或用红色油漆标记，减少目测估计误差。有条件的生态站应为观测人员配备激光测距仪，用以准确测量距离。

④ 由于样点法是在固定的位置进行观察、统计，观测时若两人协同，各自负责观察 180°视野内的鸟类种类和数量，可以减少漏记或重复记录，能提高观察数据的质量。

⑤ 记录时长是争论较多的问题。观察统计时间长可以增加发现鸟类的机会，观察者也有更多时间去鉴别种类，但也增加了重复记录的可能性。数据记录也有不同方式，有的学者采取到达调查样点后立刻开始记录，并记录被惊跑的鸟类；而有些学者采取到达中心点后等待 1～3 min 后观察记录。依据部分生态站观测的实践经验，建议统一采取 5 min 时长观察记录，到达观察样点立即开始观察记录，被调查者惊飞的鸟类予以统计。如果在规定的统计时间内所记录的鸟类种类未能识别，允许统计时间过后进行观察、确定。

5.9.2.3 样方法

（1）方法概述

适合于鸟类成对或群居的繁殖季节，用以统计鸟类种群或群落。在观察区域内，每个垂直带设置 3～5 个一定面积大小（通常为 100 m×100 m 或 50 m×50 m）的样方，用木桩或 PVC 管做好样方标记。在鸟类占区鸣叫高峰期对样方进行 6～10 d 的连续观察和鸣叫位点标记，每次观察时间 30～60 min，观察次数不少于 10 次。在鸟类进入筑巢期及产卵期后，对鸟巢进行清点记数，每周 1 次，复查 3～5 次。如果样方内植被稠密，能见度差，可将样方划分为 5～10 m² 的网格，逐格观察搜索统计。在草原和荒漠进行鸟巢的观察统计时，应三人协同工作，两人分别站在样方两端用带铃铛的长绳在样方地面拉过，一人在样方中间位置跟随长绳后观察被惊飞的鸟，检查巢、卵、幼雏数量，并做好标记。

（2）质控措施

① 观察统计与样带法和固定样点法相同，应在鸟类最活跃时段进行，样方边界应设立明显标志。

② 若观察统计占区雄鸟数量，应在鸟类繁殖前期占区鸣叫最频繁的时段进行，并准备多张调查样方草图，每次调查在一张图上标注出鸣叫位点，将多次观察的鸣叫位点图叠加，得出样方内占区鸣叫的雄鸟数量。若观察统计样方内的鸟巢数量，应在鸟类繁殖的筑巢期和育雏期进行，发现鸟巢后不得对鸟巢周边环境做任何改变，以免招来天敌破坏鸟巢和捕食参与繁殖的雌雄亲鸟。

5.9.2.4 网捕法

森林鸟类活动隐匿，不容易观察，张网捕捉调查已成为研究林下鸟类群落动态变化的主要方法。鸟网常采用长 6～15 m，高 3～4 m，采用碳纤鱼竿作网杆。在固定地点张网 3～6 张，张网后观测人员每 45～60 min 巡网一次，检查网捕鸟类，拍照、测量、记录后尽快就地释放。如果遇上下雨刮风等恶劣天气，应停止网捕，关闭鸟网，保证鸟类安全。

5.9.2.5 自动照相机观测

以 500 m 或 1 000 m 的间距网格，在林中安放红外自动照相机，连续数天自动拍摄，记录种类和个体数量。自动照相机方法适用于体形较大，主要在地面活动的鸟类的观测。

5.9.2.6 录音观测

在观测区域固定地点安放录音机，按固定时长（通常为 5～10 min）开机记录观测区域内各种鸟鸣声，在实验室依据鸣叫声鉴定种类，统计鸣叫个体数量。

上述两种方法完全依靠仪器设备采集观测，具有以下优点：方便定量化、标准化；观测者投入劳动量小；容易比对等。但也具有资金投入大等缺陷。

5.9.2.7 其他注意事项

① 为便于核查和下次复查，对样带、样点或样方的调查线路、范围应作长期性或永久标记，并按比例绘制反映植被、生境、占区雄鸟的主要鸣叫位点、鸟巢分布位置等草图。

② 记录其他说明资料，如周边建筑物、道路、河流、土地利用变化、自然灾害以及人为干扰等。

③ 鸟类观测需要观测人员熟悉当地鸟的种类并具有一定的鸟类鉴别能力。有条件的生态站可邀请相关专家合作实施动物观测，并整理本站鸟类名录供观测人员参考使用。观测人员要有计划地学习和培训，提高鸟类识别能力和观测能力。此外，收集观测地区与鸟类相关的科研历史资料，同时走访当地长期居住、有经验的村民群众都有助于对鸟类的鉴别。

5.10 作物叶面积动态

叶面积动态观测方法在《陆地生态系统生物观测规范》第 189～191 页已有介绍，本节对作物叶面积测定方法进行概述，并以小麦、玉米、大豆为例对其测定方法和质控措施进行介绍。

5.10.1 方法概述

测定植物叶面积的常见方法分为人工测量和仪器测量两种方式。常用的方法有长宽系数校正法、打孔称重法、叶面积仪测定法、扫描仪和照相法等。植物苗龄较小时，采用各种方法都比较方便，但随着苗龄的增加，叶片数增多，测定的难度逐渐增大。

长宽系数校正法利用平均原理，可以进行非破坏性测定，适用于叶片较为规则的作物，且必须确定植物品种的校正系数才能获得准确的结果。

打孔称重法是基于相近叶位叶片的比叶重（单位面积叶片质量）相对恒定的原理，使用直径一定的打孔器在叶片上均匀取一定数量的孔，这几个孔的重量与其面积之比为单位叶面积重量，再称出叶片重量，则叶面积为叶片重量比单位叶面积重量。另外，因叶片的状况不同，可分为称干重法和称鲜重法。打孔法需要离体采集叶片测定，适用于叶片的厚度均匀，叶片含水量较小的作物，例如大豆，取样的代表性和打孔均匀性对该方法影响较大，具体参见 5.10.2.1。

叶面积仪测定法是利用光学反射和透射原理，采用特定的发光器件和光敏器件，测量叶面积的大小。从测量过程中是否移动叶片来分，可分为移动式和固定式测量。叶面积仪测量叶面积精确度高，误差小，操作简单。此方法不仅可以非破坏性原位测定，也可以采集叶片后离体测定，具体操作流程参见 5.10.2.2。

扫描仪法是利用普通的激光扫描仪，将叶片扫描成图片后，通过图像处理软件分析得到叶面积，适用于样品量比较大的情况，可以批量处理。照相法与此类似，利用数码相机将叶片拍照后，通过图像处理软件分析得到叶面积，目前采用的也比较多，具体操作的流程和质控措施参见 5.10.2.3。

5.10.2 叶面积测定

5.10.2.1 打孔法——以大豆为例

由于大豆植株整体叶片的含水量差异相对较小，且需进行测定叶面积与生物量的破坏性采样，各个生育期采样数量比较多，可以采用打孔法测定叶面积。本节以打孔法为例介绍叶面积测定的质控措施。

（1）准备工作

1）采样前提前到样地察看样地内植株群体生长发育状况，确认作物所处的物候期，并了解作物长势情况，初步确定采样样方的布局。

2）依据观测规范的要求确定观测指标，制定取样规程和样品处理方法。

3）准备好采样所需要的工具、测定仪器、样品袋、标签、记号笔和记录本等，依照方案，事先在样品袋和标签上写上采样编号，检查无误后按样方编号分开保管备用。

（2）调查步骤

大豆的生物量及叶面积动态的调查以及采样时期为：苗期、开花期、结荚期、鼓粒期和成熟期。

不定期观察大豆植株的生长状况，当大豆植株达到某一物候期后，在采样地内选择长势一致、株距均匀、不缺苗的 3～6 个样点，在每个点选取具有代表性植株，每点调查 10 株，先测定密度、群体株高，然后用剪刀齐地剪割，分别装入保鲜袋带回实验室。各点采样时，尽量减轻对样地的破坏。

为避免水分散失过多而发生萎蔫，样品采回后立即测定叶面积。从所采集样点中选取一个样点的植株，选取 3～5 株（也可以 10 株），剪下绿色叶片（不包括叶柄），尽量使每片叶片都能均匀地打孔，保证所取样本数不少于 500 个（并注意避开中心叶脉和已经枯萎的部分）。将打下的圆形叶片计数并称鲜重（W_1，g），打孔后剩余的叶片称鲜重（W_2，g），计算公式为：叶面积（cm^2）=（W_1+W_2）×打孔数×πr^2×10^{-2}/W_1，其中：r 为打孔器的半径，单位为 cm。

用 1/100 天平迅速称完叶鲜重后，将样品放在布口袋或者纸口袋中，写明标签（内外各一份），立即在 105℃的烘箱中烘半小时进行杀青处理，然后在 65～75℃的烘箱中烘干至恒重。

植株叶面积的测量过程中，主要测定展开的绿叶面积，枯黄的叶片以及未展开的心叶不在叶面积的计算范围内。每次测定打孔结束后都需将打孔器清洗干净，不能使其生锈或损坏。

（3）质控措施

1）由于考虑到样品的及时处理，一般选择在上午 9：00 以后开始野外采样，以保证连续不间断一次采完全部重复样方。

2）对一株大豆的叶片采样必须尽可能均匀。

3）由于打孔法测量结果受叶片的厚薄、叶龄、打孔位置以及叶片含水量影响很大，所以在测定时要尽量保证每片叶片都能均匀地打孔、计数，在打孔时，一定要注意所打孔的完整性、均匀性。

4）同一种作物在不同生育期，同一生育期的不同处理都需要进行打孔采集标准样本。

5）称重时，选用精度较高的天平称重。

6）野外调查，用固定格式专用表格记录数据。表格要求注明调查时间、地点和调查人等，以便日后对数据进行检查、复原和核对。

7）调查当日对数据进行录入和分析处理，发现有异常数据立即寻找原因，必要时复测。

8）采集样品过程尽可能保证人员固定，避免因人员更换形成的误差。

5.10.2.2 叶面积仪法

目前 CERN 生态站大都配备了叶面积仪，如美国 LI-COR 公司生产的 LI-3000、LI-3100 等。测定方法又分为原位测定和离体取样测定。

（1）准备工作

1）定期观察样地内作物群体生长发育状况，确认作物所处的物候期，并了解群体长势情况，初步确定测定时间。

2）依据观测规范的要求确定观测方案、观测人员等。

3）准备好测定必需的仪器、工具和记录本等，仪器需要定期维护，使用前先对叶面积仪充足电，且用已知面积的纸张校正叶面积仪。

（2）调查步骤

在样地中首先选取有代表性的 4 块小样方（每块样方为 1 m×1 m），在每块样方中选取长势一致、株行距规则的代表性植株若干株（所选植株在小样方中的面积为 S），选取其中的部分植株，使用叶面积仪测量其叶面积，测量的结果记为 S_1（cm^2），烘干称重，结果记为 W_1（g）；对剩余叶片烘干称重，结果记为 W_2（g），则该样方的叶面积指数可用下列公式计算。

$$LAI = S_1 \times \frac{(W_1 + W_2)}{W_1} \div S$$

原位扫描测量过程中，将叶子夹在叶面积仪扫描器头部中间部位，手指尽量捏在叶子最细的一端，让叶子匀速通过叶面积仪扫描器头部。测量结束后用干净的干抹布清理干净叶面积仪扫描器头部滚轴上残留的叶渍或灰尘，再进行下一个叶片测定，可多次测定取重复，仪器测定同时要求纸质记录叶片顺序、叶面积值。测定完成后按照测定顺序取回叶片装袋、标记、带回室内烘干称重。

离体测量需要将叶片取回后，带回室内扫描分析，叶片采集方法和步骤与打孔法相同，取样完成后尽快将采回的植物样品称鲜重，并迅速用 LI-3100 叶面积测定仪测量叶面积并准确记录，具体操作步骤如下：

1）仪器准备：调整叶片传输带的固定螺丝，使传输带两端松紧一致，拉紧拉平；

2）开机清零：打开叶面积仪，确认传输带转动平稳，传输带干净无杂物，液晶屏显示数字为 0；

3）标定：取 50 cm^2 标定板，测定 10 次，记录测定值，与标定板实际值之比作为标定值；

4）测定：将事先处理好的叶片逐片（不能重叠）放入传输带进行测定，记录测定值；

5）关机：测定完成后，清洁传输带，保持干净无杂物，关机后将传输带的固定螺丝放开，将下部传输带固定器用物体垫高；

6）计算测定值：叶片较多时采用多次测量加和，叶片过大也可分段测定后加和。

（3）质控措施

1）仪器对测量的叶子大小有一定的要求，过大叶片分次测量记录。

2）在用移动手持式仪器进行原位扫描测量时的扫描速度要求匀速，非匀速会对测定结果影响较大。

3）在测量时不允许将叶片上带露水的叶片送入扫描器头部，对于有水分残存的叶片应使用吸水纸吸掉水分后再进行测量。

4）对于过大、过小的数据应该重测，并在记录本上清楚地注明重测叶子的顺序号及值，在测量结束后，去除错误的数据值。

5）离体测定时，对已通过传输带扫描的叶片要及时收集，以免由于静电倒吸附在传输带反面引起重复测定。

6）整个测定过程，要注意前后操作程序的衔接，保证测定过程迅速有序，防止拖延时间造成测定植物叶片萎蔫，降低测定数据的精度。

7）仪器使用完后，擦拭干净，充满电放入仪器箱中。

5.10.2.3 照相法——以小麦为例

对于小麦这种种植密度较大，叶片数较多的农作物首推照相法，其次是叶面积仪法，因为照相法在对代表性样株测定后，测量结果最为精确，而且照相法在小麦整个生育期都适用，受叶片大小、厚薄、叶片形状等因素影响较小（张鑫&孟繁疆，2008；苑克俊等，2006）。

（1）准备工作

与以上方法类似，定期观测样地中小麦的长势，确定测定时间，并根据观测规范制定观测方案等。

（2）调查步骤

小麦测定时期包括：越冬前期、返青期、拔节期、抽雄期、成熟期。

在样地中观测农作物的长势，选取株高较一致、密度较均匀、没有倒伏及病虫害发生的健康植株。采用 S 形或者 X 形取样方式，用样方框（1 m×1 m）框定所选样方，样方框落下的位置尽量选取在行间及株间空隙。选取至少 4 个代表性样方，可代表当时生育期内样地范围内大多数植株的生长状况。

选取样方内有代表性的小麦样株（20 株），先测量并记录所取植株的着生面积，可以根据小样方面积及植株数量推算样方植株密度。然后，用铁铲将小麦植株带根轻轻挖出，采集深度以植株能很轻松地与土壤分离为准。采集后的植株轻轻拍掉根部的土粒，统计所采集的植株数并记录。对于小的植株用自封袋收集，对于大的植株用扎绳扎紧即可，在装入自封袋及用扎绳扎紧的过程中，应避免植株的叶子被破坏掉。样品带回实验室后及时进行生物量及叶面积的测定以免植株失水。

称重结束后快速将植株茎、叶分离（从靠近叶基部进行分离），对分离的叶片进行叶面积测定。

将选取的叶片平整地摆放在已知面积的方格纸上，方格纸四周固定在硬纸板上。拍照过程中两个人配合工作，一人拍照，一人摆放叶片并同时观测相机与叶片之间是否处于平行状态，拍摄的照片以 JPG 格式或者 BMP 格式保存。在拍照结束后及时将图片导入电脑并编号，编号可采用"采集具体日期+植株名称+植株所属样方号+所选植株的顺序"的格式进行或者可采用自己认为比较合适的编号自行编号，然后用分析软件计算叶面积指数。

（3）质控措施

1）叶片之间的摆放不允许重叠，叶片不能卷曲，可以用透明硬塑料薄板或者其他透明材料轻轻覆盖在摆放好的叶片上。

2）在实验室拍照时要求实验室光线较好，叶片四周不能有杂物摆放。

3）拍照时，相机与叶片之间平行，相机距离叶片不宜太远，太远会使照片分辨率降低，也不能太近，太近容易使照片失真（白由路和杨俐苹，2004），而且在拍照过程中应尽量不要使用闪光灯，以免造成图片上出现很亮的亮斑，不利于图片分析。

5.11 作物根生物量

《陆地生态系统生物观测规范》第 7.4.6 节对作物根生物量观测方法进行了介绍，本节对这部分内容进行细化。

根系观测的工具和方法多样，为了获取相对准确的作物根系相关数据，需要针对作物根系分布特点，选择合适的取样方法。因此，在确定观测方法前，了解所观测作物的根系生长特点是非常必要的。总体而言，作物根系有以下特点：

1）作物根系在土壤中的分布范围通常大于地上部分（茎、叶）的分布范围，即根系的深度大于植株的高度，而广度大于植株冠幅的扩展范围。以大田种植的主要作物而言，根深范围在 40～300 cm，0～20 cm 的耕作层中根系生物量占总量的 68%，0～40 cm 占总量的 76%，其中玉米、小麦、高粱是须根系，棉花是直根系，其最大根深一般在 2～3 m。

2）根量随土壤深度的增加而呈指数递减，形成"根土容积锥体"。锥体大小受环境因素影响而动态变化。在土壤水分轻度胁迫下，诱导根系下扎，下层根量、根长、根密度等所占比例明显增加，锥体随深度衰减缓慢。在土壤水分严重胁迫下，根量、根密度、根数都显著降低，根系所达深度浅，锥体容积小。

3）作物根系的生长进程。一般在作物营养生长阶段新根生长多于老根死亡，根系是逐渐增加的过程；进入生殖生长阶段后老根死亡多于新根生长，根系逐渐减少。因此，作物生长进入生殖生长时是根系生长盛期，对水稻、小麦而言为抽穗期，玉米为抽雄期，大豆和棉花开花期为根生长盛期。

虽然根系的测定方法有多种，但对其进行准确测量还是有很多困难。目前 CERN 站主要采用挖掘法和根钻法。

5.11.1　取样方法概述

在作物根系研究中，由于研究目的的不同，取样方法不同，如研究根系生长状况的有玻璃壁法、根室研究法、叠箱法、池栽法、盆栽法、土柱法、断根法、示踪法等，而研究根系生物量使用最多的方法是挖掘法和根钻法，这两种方法在大田作物根系生物量研究中的应用更为普遍。当然，这两种取样方法各有其优缺点。

（1）挖掘法

又称为脉络法，是将用于研究的作物根系以整体或分体的形式直接从土壤中挖出，然后将其洗净，选择需要的部分进行测量。这种方法简单、易行、直观性强、应用广泛，但是对根系的损伤特别大。据统计有 30% 的根系在清洗的过程中脱落，这样就降低了测量的精度和可靠性。加之该方法取样量大，劳动强度大，消耗时间多，在一些长期的试验研究中无法使用。

（2）根钻法

根钻法又称钻土芯法，此法最主要的工具是根钻，又分手钻和机械钻，钻头直径从几厘米到几十厘米不等。钻头直径的选择取决于根系分布特点、异质性及取样频度和要求精度等情况。如果要区分土壤不同层次根的生物量，则还要保持土芯完好无损，避免碎裂。如果样品不能立即处理，应将土芯冰冻保存。

根钻法取样的频率、每次取样数量和具体时间间隔的确定要根据所研究作物根的生长特性来确定，在可能的情况下多做重复，一般要求至少在 5 个点以上。根钻法的优点是迅速、简便、覆盖面积大，由此减少了环境异质性误差，测定结果更为精确，对土壤和植被的破坏性也比较小。

5.11.2　挖掘法

对于挖掘法而言，如果能对挖取的含根土柱进行非常精细的处理，可以对根系的长度、体积、形状、颜色、分布、状态及养分对其影响均进行测定，也可提供植物完整根系自然生长的清晰图像，但实际操作难度较大。

5.11.2.1　操作方法

（1）采样工具准备

挖掘法取样需要的工具有：网袋、平铲、直板钢尺和钢卷尺、铅锤、铁锹、标签、记录表格等。选择合适的采样工具会有效地降低测定误差，如网袋，建议使用 60～80 目的尼龙过滤布制作的网袋，孔径在 0.15～0.25 mm 区间，网袋大小应根据样品采集的数量决定，对网袋孔径要求的一般原则是易于冲洗泥土而又能有效阻止细小根系被冲出。平铲要比较薄，刚性又比较强，一般需要大、中、小三种型号的平铲，不同的位置要用不同型号的平铲进行取样。尺子建议用直板钢尺。

（2）样区选择

取样前要选定有代表性的采样区，点播的稀植作物要选取有代表性的样株，要求保证采样区内至少包含一株作物，条播的密植作物要选有代表性的作物单位行长。在样区选定前要准确测量作物的行距和株距，划定采样范围。采样区确定后，采用内挖式采样（见图5-6 和图 5-7），也就是将采样范围区内的带根土体按所要求的测定深度全部取出。耕作层根系取样深度一般在 15～30 cm。

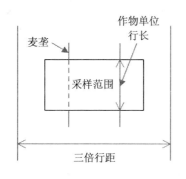 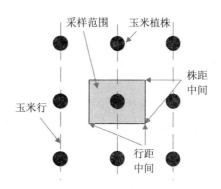

图 5-6　小麦耕作层根生物量挖掘示意图　　　图 5-7　玉米耕作层根生物量挖掘示意图

（3）挖取过程

进行作物根系分布测定时，必须在如图 5-6 和图 5-7 所示采样范围的一侧挖一个合适的土壤剖面，然后按取样要求进行作物根系的逐层或整体采集。

玉米等稀植点播作物挖掘法根系取样的操作是选取一株有代表性样株，采样范围的长度是行中到行中，宽度是株中到株中，也就是该株玉米生长点的行距和株距，玉米植株位于采样区的中心。选定好采样区后，在其中一侧行中到行中的边线外，先挖一定深度的土壤剖面，注意不要挖进采样区内，然后以该边线作为采样区的外缘，用扁铲将采样区外土壤直上直下铲掉，然后再按要求取出采样区内各层次的含根土层。取采样区内带根土体时操作上要从剖面侧开始，取样时要求土层内尽量挖取大块土体，尽可能地减少土体内作物根系的截断次数，当挖到采样区边界和要求土层刻度时一定要小心，防止挖过土层或挖出采样区，给取样造成误差。

小麦等密植条播作物挖掘法根系取样的操作是选取有代表性的单位行长（见图 5-6）作为采样区的宽，采样区的长为采样点的二倍行距。选定好采样区后，在其二倍行距一侧的边线外挖一个适合采样深度的土壤剖面，再进行分层根系样品的采集，具体操作同稀植点播作物。

（4）冲洗与去杂

作物根系样品盛放在尼龙网袋中，每个袋子要保证有唯一的编号（袋子的编号牌一定要防水），并在袋中放入相应的样品标签。洗根前要将样品袋放到水池中浸泡（一定要充分浸泡），然后逐个轻揉样品袋，使附着在根系上的大部分游离土粒能被水带走，尽量不要将根系弄断，反复多次，直到仅剩少量黏性较大土壤和根留在袋中，再用水慢慢冲洗。最后袋中只剩下根和土壤中包含的植物碎片等其他杂质。将带有杂质的根样放入盆中，慢慢去除杂质，反复多次，完成根系的采集。

（5）烘干称重

样品的烘干称重也是根系生物量测定的一个重要环节。首先要将获取的根系样品用滤筛全部取出，需要测定根系鲜生物量的，要用滤纸吸除附着在根系表面的水分，移至 1/1000 的天平上称取重量。然后放入烘箱进行烘干，在 105℃ 下进行 30 min 的杀青处理，再将温度降至 70～75℃ 烘干至恒重，此过程一般需要连续 24～48 h，放入干燥皿冷却。干重称重可根据样品的大小选择称量器具，一般要求在精度不小于 1/1000 的天平上称重。

5.11.2.2 质控措施

挖掘法取样主要适用于作物耕作层根生物量测定，由于该方法对作物有损伤、田间扰动、劳动强度都较大以及耗费时间长等缺点，作物根系分布的取样除非有特殊需要一般不采用挖掘法。挖掘法进行作物根系采样的质量控制环节主要有：

（1）采样区的准确选定

采样区选定准确与否是作物根系采样精度的关键所在，选定代表性较差的采样区将会给作物根系取样造成较大的误差。样株和单位行长样株的选定要从作物的长势、株高、茎粗、种植的均匀情况等多方面去考虑，确保其在测定的田块内有充分的代表性。

（2）采样区的精确测量

采样区是以选定样株所在生长点的株距和行距为依据设定的。作物根系取样最终结果是计算单位面积的根生物量，采样区测量的误差会直接影响到产生数据的精度。考虑到卷尺本身精度不够，因此，采样区划定时建议使用直板钢尺来测量，从而能够较为精确地固定采样区的边缘。

（3）采样时的精准操作

采集的样品是以采样区为表面积，采样深度为高的土柱，未到或超过采样深度都会导致取样误差。所以在取样操作时要始终注意采样区的边缘和土层刻度，确保将采样范围内的样品精准无误的取出。取样时如果土壤太干，选好采样区后可提前几天进行灌水，等土壤墒情适宜时再进行取样，这样可增加土粒之间的黏着力，有利于采样区边缘的准确取样。

（4）采样工具合适选用

选择合适的采样工具会有效地降低测定误差。

（5）样品处理及时精细

样品采集完成后要及时进行处理，不能及时处理要进行冷藏保存，防止样品长时间放置造成根系腐烂，带来测定误差。样品处理过程一定要精细小心，尽量不要将根系弄碎弄断，这是根系测定误差的重要来源。要正确区分活根、死根和其他植物的根系，分别给予去除；作物地中茎部分不能作为根系处理，应该去除，玉米等作物的地上节根应该作为根系的组成部分。在实际作物根系测定中，由于根系组成的取舍不当会给测定带来很大的误差。

5.11.3 根钻法

5.11.3.1 操作方法

根钻法的优点是取样迅速、准确，比较省工、省时，适合大面积多点取样。采用根钻法进行作物根系取样时，首先要考虑取样代表性，取样点越多代表性越好，取样测定的精度也越高，但取样点太多会导致工作量大，有悖于根钻法方便、迅速、省工、省时的特点。

为此，如何在采样区内布设适宜数量的取样点，就显得十分重要。

（1）条播作物根钻取样

密植条播作物种植的垄上根系分布是连续的，采样区的选定要注意作物的长势、作物植株分布的均匀程度，采样点在采样区域要有充分的代表性。根钻的直径应选择≤1/2而≥1/4 行距的范围。取样时应在作物的行上和行间分别取一个钻点（见图 5-8），行上钻点要使钻孔中线与作物垄中线重合进行取样，行间钻点要使钻孔与行间中线接近相切进行取样。具体操作时两个钻孔要分层交替取样，防止将钻孔打通，造成土壤坍塌，给取样带来误差。

根生物量根据钻点在采样区所代表的面积计算。如果行上钻孔的取样根重用 W_s（g）表示，行间根重用 W_j（g）表示，钻孔面积用 A（单位是 m²）表示，采样点的作物种植行距用 L（m）表示，钻孔直径用 D（m）。那么某一测定层次的作物根系根重 W_z（g/m²）的计算式为：

$$W_z = 1/(L{\times}D) \times \{W_s + (L{\times}D-A)/A{\times}W_j\}$$

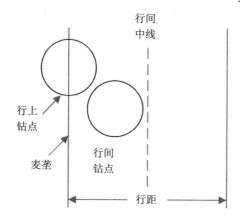

图 5-8　小麦根系分布根钻法取样布点示意图

（2）点播作物根钻取样

点播种植的作物，如玉米、棉花等，行株距都比较大，植株个体在作物群体中邻里关系比较清楚，进行作物根系测定一般选取单个样株取样，样株的代表性将直接影响到作物根系测定的精度。因此，样株要从作物长势、株高、茎粗等方面认真、仔细选取，要保证样株能充分代表采样区域的作物生长情况。一般使用直径 7～9 cm 的根钻进行点播作物的根系取样。图 5-9 是玉米根系测定的取样钻孔布点示意图，图中 C 是株上（玉米植株上）的取样钻点，D 是 1/2 株距内的取样钻点，E 是靠近玉米植株 1/4 行距内的取样钻点，F 是远根 1/4 行距内的取样钻点。

根生物量的计算：行距用 L（m）表示，株距用 B（m）表示，根钻取样面积用 A（m²）表示，D 和 E 两点根生物量平均值能代表图中深灰色部分（除去株上取样点面积）的平均水平，F 点能代表图中浅灰色部分的根生物量平均水平，那么某取样层的根生物量 W_z（g/m²）应该是：

$$W_z = 1/(L{\times}B) \times \{W_c + (L/2{\times}B-A)/A \times [(W_d+W_e)/2] + L/2{\times}B/A{\times}W_f\}$$

式中，W_c，W_d，W_e，W_f分别为 C，D，E，F 各根钻取样点测定的根生物量干重，g。

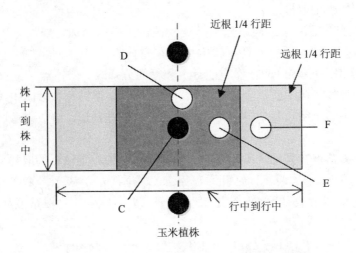

图 5-9　玉米根系分布根钻法取样布点示意图

在作物根系取样的实际操作中，如果作物的播种密度较大，株距小于 25 cm，钻孔直径又大于 8 cm，株间钻点（图 5-9 中 D 钻点）可以省去，也就是在实际取样中的株间钻点与株上钻点接近相切在株间平行取样，株间钻点不能取过 1/2 株距中线，如果取过了株距中线，根系测定的结果会偏大。对于作物种植密度较大，株距较小的作物，根系测定应省去株间钻点取样，相应计算式为：

$$W_z = 1/(L \times B) \times \{W_c + (L/2 \times B - A)/A \times W_e + L/2 \times B/A \times W_f\}$$

式中，W_z 为取样层的根生物量干重，g/m^2；W_c，W_e，W_f 分别为 C，E，F 各钻点测定的根生物量干重，g。

5.11.3.2 质控措施

根钻法根系取样主要适用于作物根系分布的测定，其质量控制的主要环节有：

（1）采样区的准确选定

根钻法测定作物根系样株选择尤为重要，不当样株的选取，将对作物根系测定产生较大误差，采样区是以作物生长点的株行距为依据划定的，选择方法与挖掘法相同。

样区内钻点数量：稀植点播作物，采样区的钻点数量为 3～4 点，如果种植密度较大，如播种行距为 60 cm，种植密度大于 67 500 株/hm²，可以省去株间钻点，采样区的钻点数量为 3 个；播种密度小于 67 500 株/hm²，采样区的钻点为 4 个，实际操作时要根据采样点的具体情况，决定株间钻点的取舍。密植条播作物采样区的钻点数量为 2 个，但也有些作物种植的行距较大，可根据钻点覆盖采样区的情况适当增加钻点。

（2）采样时的规范操作

进行某层次作物根系分布取样时，有时会把下层的根系拉出来，也有时由于土壤中根系的拉力会把取样层的根系遗留在钻孔内，所以要用剪刀把这些根剪下，放在相应土层的样品袋中，这些根系会对作物根系分布产生重大影响，尤其是取上层有粗壮根系的土层根样时最为常见。取下层根样时严防将钻孔壁的土壤碰下或带入根钻头中，因为上部的土壤含根相对较多，即使少量的上部土壤混入下部的采样层，也会给作物根系分布测定带来较大误差。正确的根钻取样是将根钻轻轻放到钻孔的采样土层上，用力下压，并转动根钻的把手到采样土层的要求刻度，禁止在下钻的过程中将钻头提离取样土体再用力下戳。

（3）取样根钻的正确选用

根钻有多种型号，钻头的直径是根钻选用的重要依据。一般条播作物的根钻直径应选择≥1/4～≤1/2 行距的范围，钻头直径太小取样代表性差，钻头直径太大会加大样点布设难度。在操作方便前提下，点播的作物根系取样可尽量使用钻头直径大一点的根钻，这样会减少由于根系在土壤中不规则分布造成的取样误差。

（4）样品处理要及时精细

同上一节挖掘法根系取样的质量控制。

（5）根系样品的精确称量

根钻法根系取样采得的根系样品量很小，称重必须选择万分之一的电子天平。由于根系样品是在水中滤出经包装转移至烘箱进行烘干的，烘干后会有部分细碎的根样品粘连在包装物上，称重时一定要把根系样品从包装物中全部取出，不能有任何遗漏。也可用差减法进行称重，就是先将包装物和根系样品一起称重，然后把包装物完全展开，将包装物上的根系样品完全清理干净，再称取包装物的重量，最后计算出根系样品重量。称量环节非常重要，由于采得根系样品代表的面积很小，即便是极少量的根系样品遗漏，也会给测定结果造成较大的误差。

5.12 植物数字图像标本制作

随着数码照相机的广泛运用，数据库技术的飞速发展，获取植物数字图像、构建植物数字图像数据库变得简单易行。数字图像具有获取简单、存储方便、便于携带、可随时查看等优点，弥补了传统实物标本采集和制作成本高、保存需要很大空间、野外携带和使用都极为不便等缺点。而且，植物数字图像可以更全面、更真实地反映植物生境特征、活体形态和色彩等信息。相应地，由植物数字图像构成的植物数字图像库，只要携带一台电脑就可以随时随地轻松、方便地查阅丰富的植物标本资料，可以弥补传统标本馆的不足，可为植物分类鉴定和其他科研活动提供极大的方便。

5.12.1 概念

5.12.1.1 名称

根据文献，将具有与实物标本相似功能的植物数字图像定名为：植物数字图像标本（下文简称"图像"），英文：Plant Digital Image Sample，与传统实物标本相对应。用做植物数字图像标本的单张照片可以称为"植物数字标本图像"。

5.12.1.2 定义与范畴

植物数字图像标本（狭义）：野外或室内拍摄的能体现植物分类学性状的一组活体植物数字图像。本节所指的"植物数字图像标本"特指狭义的植物数字图像标本。

植物数字图像标本（广义）：能体现植物分类学性状的一组植物数字图像。包括狭义植物数字图像标本，以及从分类工具书、实物标本等扫描获得的图像。

表 5-9 植物实物标本与数字图像标本比较

植物实物标本	植物数字图像标本
野外采集、制作,需要仪器,时间长,工作量大	数码相机或摄影机即可完成野外采集
收藏需要很大的空间,管理成本高	收藏空间小,管理成本低
标本容易随时间推移变色、变性,甚至破损	收藏内容不易随着时间的推移而变化,不易坏损
标本形态颜色与植物自然状态存在差异,且难收集到反映分布区生境特征等的直观信息	能反映植物的自然形态颜色,易收集到反映生境特征、活体形态特征等含有丰富信息的图像
查阅主要在标本馆(室)进行	只要有计算机,查阅可在任何办公环境或野外工作中进行
载体为实物,可触摸或进行取样分析	载体为图像,不可触摸,也不能进行取样分析

与植物实物标本相比,植物数字图像标本具有诸多特点(表 5-9),如:

(1)数字时代的产物,采集过程简单,易操作。

(2)收藏占用空间小。

(3)易拷贝、易管理。

(4)信息更丰富(如生境图像,自然颜色),内容不易随时间变化或缺损,可弥补腊叶标本的诸多不足,如花、果颜色及形状,毛被(鳞片)覆盖程度及颜色,叶脉凹凸状况。

(5)查阅与交流方便(不限于标本馆)。

5.12.2 植物数字图像标本制作规范

5.12.2.1 制作流程

植物数字标本制作包括:前期准备、拍摄、后期处理、建档与管理等环节,每个环节都要严格按照规范要求操作,并及时做好相应辅助信息记录,确保图像质量和信息完整性。

拍摄前要做好充分的前期准备,包括设施的配置和设置,如配置性能较好的数码相机以及相关辅助设施,相机像素需要设置在 600 万以上,准确设置好相机的日期和时间。为了方便数字图像标本的空间定位,建议拍摄时随身携带精度较高的 GPS,即时记录图像标本地理位置,或者事先把照相机时间调到与 GPS 时间严格一致,图像采集完成后,通过时间匹配,确定每张图像的地理坐标。

5.12.2.2 拍摄内容

一组完整的植物数字图像标本,拍摄内容应该包括植物生境、整株形态、器官特征三大类。每种植物一般需要 5~10 张。可参考《高等植物图鉴》的特征描述选择关键的拍摄内容。

(1)生境

大生境:体现植被、地理、地形等,显示出被摄对象与背景和环境的关系。

小生境:以被摄植株为主体,体现出种群的特点。

(2)整株形态

植株:必须是正处于花期或果期的植株,包括植株整体或枝干部分。

(3)器官特征

花(果)枝正面:拍摄带花(果)的枝条,并且叶的正面朝上,清晰可见。

花(果)枝背面:拍摄带花(果)的枝条,并且叶的背面朝上,清晰可见。

花（果）外观：正对花（果）的正面，包括花（果）的形状、颜色、毛被等。

花（果）内观：正对花（果）的内面，包括花雄蕊、花柱、花瓣及其附属物和果实切面等。

种子：用微距镜头拍摄单粒或数粒种子，包括外形、种皮等。

5.12.2.3 拍摄质量要求

（1）科学真实

生境一定是原始的，不能把植物移至另地作为原生生境；拍摄地点不得改动；花、果、块茎（根）不能离体搭配后拍摄；相机日期和时间设置要尽可能准确。

（2）布局合理、主体突出

被拍摄主体位于图像正中，一般占整个画面的 80%。

拍摄的主体（花、果、根状茎、块根等拍摄目标）始终处于图像中央最清晰部位；拍摄生境图像时要能辨认出当前所拍的植物。

（3）色彩还原准确、景深适当

用光合理。在强光下拍摄时应使植物处于同一光照条件下，切忌阴亮混杂；在透光的林下拍摄生境要使用反光板。

曝光准确。一般采用植物模式拍摄，当拍摄量不大时可考虑采用光圈或快门优先模式拍摄；普通数码相机一般情况下不使用闪光灯拍摄植物，当拍摄现场光线不足时应用其他方式补光或移至光线满足拍摄需要的地点拍摄；单反相机可采用闪光模式，但拍摄生境时例外；使用三脚架拍摄可减轻光线不足的负面影响。

景深适当。采用植物模式拍摄以保证有适当的景深；采用光圈优先模式时光圈数字不能小于 8.0；使用微距拍摄时要适当加大景深。

（4）图像分辨率高

原则上，像素要求大于 600 万。

（5）保留照片的 EXIF 信息

（6）注意事项

1）照片上不要显示日期。

2）尽可能在照片中附带能反映主体大小的参照系。

5.12.2.4 图像辅助信息要求

要及时记录完备的各项辅助信息，主要包括：

（1）拍摄者，包括姓名、单位等。

（2）准确的拍摄时间（年月日时）。（相机预先设置）

（3）拍摄地点信息，包括行政地名（省、县、乡、小地名，或样地名称）、地理坐标信息（经纬度及海拔）、地形信息等。（拍照时记录）

（4）图像内容信息描述，包括：俗名、中文名、学名、生活型、物候期、拍摄主体、主体大小、现场描述信息、拍摄角度、生境等。（拍照及后期整理时记录）

（5）照片的 EXIF 信息。（相机自动记录）

（6）图像后期处理过程记录。（操作时记录）

图像辅助信息文档表见表 5-10～表 5-13。每张图像都必须提供相关辅助信息，没有辅助信息的图像视为无效图像标本。

表 5-10　植物图像信息表

站代码	图像文件名	种中文名	图像标本号	拍摄者	种鉴定者	拍摄时间	拍摄地名	样地代码	生境特点	物候期	拍摄主体	拍摄主体大小	主体信息描述	拍摄角度	图片评价	后期处理记录	备注

注："拍摄地名"填写小地名，如果在 CERN 长期样地拍摄，则"拍摄地名"填写"站名+样地名称"，"拍摄主体"填写主体的内容，如：生境，全株，树干，花果枝，叶，花，果，根系，小穗等。

表 5-11　拍摄者和种鉴定者信息表

站代码	拍摄者/鉴定者姓名	拍摄者/鉴定者单位	备注

表 5-12　拍摄地点信息表

站代码	拍摄地名	样地代码	省份	区、县	经度	纬度	海拔/m	小地形描述	备注

注：如果拍摄地不在 CERN 长期样地，则"样地代码"可以不填。

表 5-13　物种信息表

站代码	俗名	种中文名	种学名	生活型（Raunkiaer 系统）	备注

注：对于 CERN 长期样地的植物可以不填此表。

5.12.2.5 拍摄的步骤

（1）确定目标

拍摄每一种要采集的植物，不能遗漏；当再次发现植株或花（果）比邻近采集拍摄的植物更标准、美观、成熟时，及时补拍。

（2）拍摄生境

在动手采挖前拍摄原生生境，拍摄藤本或寄生植物生境时，还要能看清寄主植物。

（3）远拍花（果）枝

木本植物未剪枝前和草本植物未挖前用远焦距拍摄含多个花（果）的带枝图像；草本植物一般不用仰角或俯角拍摄，多采用平视拍摄。

（4）采（挖）近拍

木本植物剪枝后和草本植物采挖后用近焦距拍摄含少量或单花（果）的分类特征图像；注意花梗、花萼、托叶、腺体、毛被等易被忽视器官的拍摄。

（5）切开拍摄

用刀切开花冠，露出雄蕊、花柱、花瓣及其附属物后拍摄；用利刀或枝剪切开果实使果肉、心皮和种子外露后拍摄。

（6）室内拍摄

具分类价值的细小花朵、毛被、腺体、种子再补充室内照片，放在静物台或体视镜下拍摄，背景用不透明的方格纸。

5.12.2.6 植物拍摄实例

（1）蕨类植物

生境：能辨认出目标蕨类着生位置和周边环境。

全株：植物高度占图像高度的80%。

羽片正面：能反映羽片先端和基部羽片着生状况。

羽片反面：能反映孢子囊群着生位置和排列方式。

孢子囊群近照：能反映孢子囊群颜色和形状。

根状茎及鳞片：能反映出根状茎类型和鳞片颜色。

例外：

高大蕨类（如桫椤）增加树干图像。

特殊种类增加羽片近照，以示鳞片、毛被、肉刺、水囊体状况。

鳞毛蕨科部分种类增加羽片基部特写，以示基部羽片是上、下先出。

疑难和珍稀种类可适量多拍几张。

（2）乔木树种

生境：用树冠形状代替。

树干：反映树皮开裂状况及颜色。

花果枝：反映多朵花果在小枝上着生状况的中远景照片。

花果枝正面：能反映叶形、颜色、斑纹、叶缘及少量花果。

花果枝反面：能反映叶背颜色和毛被及少量花果。

花果近照：能反映花果颜色和形状，花果大小占画面的80%。

例外：

雌雄异株和具多型花要分别拍摄。

特殊种类增加花冠展开或果实切开近照。

（3）大灌木树种

生境：能辨认出目标树种着生位置和周边环境。

树干：在树干分叉处拍摄，反映分枝、树皮开裂状况及颜色。

花果枝：在剪枝以前拍摄，反映多朵花果在小枝上着生状况的中远景照片。

花果枝正面：能反映叶形、颜色、斑纹、叶缘及少量花果。

花果枝反面：能反映叶背颜色和毛被及少量花果。

花果近照：能反映花果颜色和形状，花果大小占画面的80%。

例外：

雌雄异株和具多型花（如杜鹃花色）要分别拍摄。

特殊种类增加花冠展开或果实切开近照。

（4）小灌木树种和草本植物

生境：能辨认出目标植物着生位置和周边环境。

全株：植物高度占图像高度的 80%，反映多朵花果着生状况的中远景照片。

花果枝正面：能反映叶形、颜色、斑纹、叶缘及少量花果。

花果枝反面：能反映叶背颜色和毛被及少量花果。

花果近照：能反映花果颜色和形状，花果大小占画面的 80%。

根系：能反映根系类型或特殊根或地下茎形态。

例外：

雌雄异株和具多型花（如毛大丁草）要分别拍摄。

特殊种类增加花冠展开（如凤仙花科种类）或果实切开近照。

禾本和莎草科植物增加小穗的特写，背景用方格纸。

5.12.2.7 图像后期制作与管理

图像拍摄后，要及时查看、整理图像，做必要的质量提升处理，根据需要制定补拍计划。及时查看、补充和完善相关辅助信息，包括：拍摄者、拍摄时间、拍摄地点、拍摄对象信息描述等。及时按照规范命名规则进行分类建档管理，及时备份（异地备份）。

（1）导出

导出图像后对图像进行初步整理，主要是分开人文、山水风光、动物等其他类图像，并建立多个文件夹对图像归类保存，文件夹按"地点＋拍摄日期"命名，如 BJFZH01_20090722，东灵山_20090722。

查看所有图像，对照片进行初筛，挑出质量比较好、基本符合数字图像标本质量要求的照片，并检查每个植物种的图像标本完整性，及时制定补拍计划。

（2）图像处理与信息完善

对每张图像编制拍摄号，对曝光不足或过度，主体不够突出，非拍摄目标进入画面的图像用图像处理软件（Photoshop，ACDSee，Windows，Neo iMAGING）进行调整。

根据采集记录或查对植物书籍对所拍植物进行鉴定。补充完善拍摄者、拍摄时间、拍摄地点、拍摄对象描述等其他辅助信息。填写图像辅助信息文档表（表 5-10～表 5-13）。

（3）图像贮存

准备专用可移动硬盘贮存图像，按"拍摄日期+地点"命名的原始图像备存一份，可以复制不同植物种的图像至所属的植物分科、属的文件夹中贮存。并及时备份（最好异地备份）。

5.12.2.8 文档命名规范

文件夹、文件的规范命名或编号，对图像文件管理非常重要。

文件夹按"地点_拍摄日期"命名，如 BJFZH01_20090722，东灵山_20090722。

数字图像标本号编制规范：同一植株的所有图像用同一个标本号，建议编号规则为："样地代码_A/B/C 序号"（A：乔木；B：灌木；C：草本），如：BJF_A0001。"序号"使用 4 位数字，对长期样地中的乔木，可使用树号。

每个图像的名称必须保证唯一性，为此，每个图像统一采用"站代码＋日期和时间＋拍摄者全拼"进行规范命名，如：HTF20080709123102xuguangbiao，其中：

站代码：三位大写字母，如：HTF

日期和时间：包括年、月、日、时、分、秒，如：20080709123102

拍摄者全拼：中文名全拼，如：xuguangbiao

　　CERN生物分中心委托中国科学院植物研究所文献信息中心开发了文件批量命名软件（RenameByEXIFDateTime），根据规范对图像进行批量命名。

参考文献

[1]　白文娟，焦菊英. 2006. 土壤种子库的研究方法综述[J]. 干旱地区农业研究，24(6)：195-198.

[2]　白由路，杨俐苹. 2004. 基于图像处理的植物叶面积测定方法[J]. 农业网络信息，1：36-38.

[3]　陈立新,陈祥伟. 1998. 落叶松人工林凋落物与土壤肥力变化的研究[J]. 应用生态学报，9(6)：581-586.

[4]　傅家瑞. 1985. 种子生理[M]. 北京：科学出版社.

[5]　吕明和，周国逸，张德强，等. 2006. 鼎湖山锥栗粗木质残体的分解和元素动态[J]. 热带亚热带植物学报，14（2）：107-111.

[6]　孟宪宇. 2006. 测树学 [M]. 北京：中国林业出版社.

[7]　唐旭利，周国逸，周霞，等. 2003. 鼎湖山季风常绿阔叶林粗死木质残体的研究[J]. 植物生态学报，27（4）：484-489.

[8]　唐旭利，周国逸. 2005. 南亚热带典型森林演替类型粗死木质残体储量及其对碳循环的潜在影响[J]. 植物生态学报，29（4）：559-568.

[9]　王维枫，雷渊才，王雪峰，等. 2008. 森林生物量模型综述[J]. 西北林学院学报，23（2）：58-63.

[10]　温达志，张德强，魏平，等. 1998. 鼎湖山南亚热带常绿阔叶林定位研究[C]//锥栗、黄果厚壳桂群落现存生物量、粗死木质残体贮量及掉落物动态. 热带亚热带森林生态系统研究，8：32-39.

[11]　吴冬秀，韦文珊，张淑敏. 2007. 陆地生态系统生物观测规范[M]. 北京：中国环境科学出版社.

[12]　闫巧玲，刘志民，李荣平. 2005. 持久土壤种子库研究综述[J]. 生态学杂志，24 (8)：948-952.

[13]　杨方方，李跃林，刘兴诏. 2009. 鼎湖山木荷（*Schima superba*）粗死木质残体的分解研究[J]. 山地学报，27（4）：442-448.

[14]　杨方方，李跃林. 2010. 鼎湖山锥栗粗木质残体呼吸速率的研究[J]. 中南林业科技大学学报，30（10）：18-23.

[15]　喻庆国，欧晓红，韩联宪，等. 2007. 生物多样性调查与评价[M]. 昆明：云南科技出版社.

[16]　苑克俊，刘庆忠，李圣龙，等. 2006. 利用数码相机测定果树叶面积的新方法[J]. 园艺学报，33(4)：829-832.

[17]　张鑫，孟繁疆. 2008. 植物叶面积测定方法的比较研究[J]. 农业网络信息，12：14-16，31.

[18]　BROWN S，PEARSON T，WALKER S M，et al. 1995. Methods manual for measuring terrestrial carbon [M]. Arlington：Winrock International：42-53.

[19]　CHEN J M，PLUMMER P S，RICH M，et al. 1997. Leaf area index of boreal forests：Theory，techniques，and measurements[J]. Journal of Geophysical Research，102(29)：429-429，443.

[20]　CLARK D A，CLARK D B. 1992. Life history diversity of canopy and emergent trees in a neotropical rain forest [J]. Ecological Monographs，62（3）：315-344.

[21]　DAWKINS H C，FIELD D R. B. 1978. A long-term surveillance system for british woodland vegetation [R]. Oxford University，Department of Forestry.

[22]　GARRIGUES S，LACAZE R，BARET F，et al. 2008. Validation and intercomparison of global leaf area index products derived from remote sensing data[J]. Journal of Geophysical Research，113：G02028.

[23] HARMON M E，FRANKLIN J F，SWANSON FJ，et al. 1986. Ecology of coarse woody debris in temperate ecosystems [J]. Advances in Ecological Research，15：133-302.

[24] HARMON M E，SEXTON J. 1996. Guidelines for measurements of woody detritus in forest ecosystems [R]（US LTER Publication No. 20），US LTER Network Office，University of Washington，Seattle，WA，USA.

[25] JENNINGS S B，BROWN A G，SHEIL D. 1999. Assessing forest canopies and understorey illumination：canopy closure，canopy cover and other measures [J]. Forestry，72（1）：59-73.

[26] JONCKHEERE I，FLECK S，NACKAERTS K，et al. 2004. Review of methods for in situ leaf area index determination：Part I. Theories，sensors and hemispherical photography. Agricultural and Forest Meteorology，121：19-35.

[27] KEELING H C，PHILLIPS O L. 2007. A calibration method for the crown illumination index for assessing forest light environments [J]. Forest Ecology and Management，242（2-3）：431-437.

[28] LEBLANC S G，CHEN J M，FERNANDES R，et al. 2005. Methodology comparison for canopy structure parameters extraction from digital hemispherical photography in boreal forests. Agricultural and Forest Meteorology，129：187-207.

[29] NEWTON A C. 2007. Forest Ecology and Conservation [M]. New York，Oxford.

[30] PAKE C E，VENABLE D L. 1996. Seed banks in desert annuals：implications for persistence and coexistence in variable environments. Ecology 77：1427-1435.

[31] ROBERTS-PICHETTE P，GILLESPIE L J. 1999. Terrestrial vegetation biodiversity monitoring protocols [R]. Canada Ecological Monitoring and Assessment Network，Ecological Monitoring Coordinating Office，Canada Centre for Inland Waters.

[32] RYU Y，SONNENTAG O，NILSON T，et al. 2010. How to quantify tree leaf area index in an open savanna ecosystem：A multi-instrument and multi-model approach. Agricultural and Forest Meteorology，150：63-76.

[33] SOLLINS P. 1982. Input and decay of coarse woody debris in coniferous stands in western Oregon and Washington [J]. Canadian Journal Forest Research，12：18-28.

[34] SVENNING J C. 2002. Crown illumination limits the population growth rate of a neotropical understorey palm（Geonoma macrostachys，Arecaceae）[J]. Plant Ecology，159（2）：185-199.

[35] TER HEERDT G J N，VERWEIJ G L，BEKKER R M，et al. 1996. An improved method for soil seed bank analysis：Seedling removal after remo-ving the soil by sieving. Functional Ecology. 10：144-151.

[36] THIMONIER A，SEDIVY I，SCHLEPPI P. 2010. Estimating leaf area index in different types of mature forest stands in Switzerland：a comparison of methods. European Journal of Forest Research，129：543-562.

[37] WEISS M，BARET F，SMITH G J，et al. 2004. Review of methods for in situ leaf area index (LAI) determination：Part II. Estimation of LAI, errors and sampling. Agricultural and Forest Meteorology, 121：37-53.

[38] YANG F F，LI Y L，ZHOU G Y，et al. 2010. Dynamics of coarse woody debris decomposition rates in an old-growth forest in lower tropical China [J]. Forest Ecology and Management，259：1666-1672.

[39] ZOU J，YAN G，ZHU L et al. 2009. Woody-to-total area ratio determination with a multispectral canopy imager. Tree Physiology，29：1069-1080.

6 样品采集和室内分析过程的质量控制*

根据 CERN 生物长期观测指标体系，室内样品分析项目主要包括植物样品化学成分、热值以及土壤微生物生物量碳。这些指标的观测数据需从野外采集植物或土壤样品，然后经过室内化学分析获得。因此本章重点从野外样品采集和室内分析两个环节介绍相关观测项目的质量控制，此外，针对部分生态站室内样品分析能力有限，需要进行委托测试的具体情况，本章也对样品委托测试的有关质控措施予以阐述。

6.1 样品采集质量控制

样品采集是决定分析检测结果可靠性以及各个生态站间结果可比性的关键环节，如果不能对样品采集进行有效的质量控制，将直接影响室内分析数据的准确性。样品采集原则与方法在《陆地生态系统生物观测规范》第 65~68 页有比较详细的介绍。本节主要对森林植物元素含量测定的样品采集细化方案和土壤微生物分析的土壤样品采集进行补充性阐述。

6.1.1 森林植物元素含量测定的样品采集

《陆地生态系统生物观测规范》第 64~68 页对森林优势种元素分析样品的采集进行了比较细致的介绍，各站需要根据规范要求，针对本站植被特点，对采集方法进一步细化，以保证采样质量。下面是西双版纳站植物元素分析样品采集细化方案案例。

西双版纳站植物元素分析样品采集细化方案

元素样品的采集对象为群落优势种，《陆地生态系统生物观测规范》第 22~23 页对优势种的界定方法进行了介绍。然而，本站热带季节雨林样地中优势种较多，优势种数量超过 10 种，因此，优先选取相对重要值累加达到 30%以上的物种和往年进行过测定的物种进行取样。

---

* 编写：张琳（中国科学院植物研究所），邓晓保，付昀（中国科学院西双版纳植物园），周丽霞（中国科学院华南植物园）。
  审稿：贺金生（北京大学），何维明（中国科学院植物研究所）。

（1）乔木层

由于取样目的在于反映物种的总体情况，而相同物种内大径级个体毕竟是少数，小径级个体数量虽多，但又不占有太多的生物量，因此径阶分配建议按照大、中、小径级 1:3:1 的比例进行数量配比，每种选择至少 5 株标准木，按树叶、树枝、树皮、树干、树根、花果六部分分别取样。

径级的分级，可参考样地中该物种的最大胸径进行划分，胸径 ≥50% 最大胸径为大径级组，50% 最大胸径 > 胸径 ≥25% 最大胸径为中径级组；胸径 <25% 最大胸径为小径级组。若对物种现有径阶组成不了解，则参照胸围 ≥100 cm（或胸径 >31.8 cm）为大径级组；100 cm> 胸围 ≥50 cm（或 31.8 cm> 胸径 ≥15.9 cm）为中径级组；胸围 <50 cm（或胸径 <15.9 cm）为小径级组的标准进行划分。

具体采样方法如下：

1）枝：一般将主干二级以上（含二级分枝）的分权认为是树枝，直径一般不超过 10 cm。条件允许时可将整枝砍下，按照 1/5 原则（参见 5.3）对长度进行划分并取样。南北各取一枝。

2）叶：随树枝进行采集，树枝上的老叶和新叶按枝上的实际生长比例采集。

3）干：在距地面 50~150 cm 范围内进行，南北向分别取样。使用生长锥或凿子进行取样，取样深度至少应达到胸径的 25%。

4）皮：在距地面 50~150 cm 范围内进行，南北向分别取样。

5）根：顺根系延展方向将根自然挖出。由于挖取根系时往往很难确保细根的完整性，因此乔木取样时不单独考虑细根。

6）花果：若调查时物种正处于繁殖期，则还应进行适当取样。

（2）灌木层

灌木层取样注意对不同高度和基径的选择，但不再单独规定径级。

灌木层同样以标准木法进行取样，每种重复数量不少于 5 株，按叶、干（茎）、根、花果四部分进行取样：

1）干（茎）：将树木按照每个 1/5 长度区分，在每段取约 5~10 cm 厚的圆盘进行取样。

2）叶：随树枝进行采集。枝上的老叶和新叶按枝上的实际生长比例摘下。

3）根：顺根系延展方向将根自然挖出。由于挖取根系时往往很难确保细根的完整性，因此灌木取样时不单独考虑细根。

4）花果：若调查的标准木正处于繁殖期，则还应进行适当取样。

（3）草本层

草本层以收获法进行取样，一般与草本层生物量调查同时进行。

在样地周围相同生境地段选取 5~10 个 2 m×2 m，收获样方中所有草本层植物，按物种归类，区分地上部和地下部。由于元素样品和草本层生物量均为破坏性取样，单独设置样方会造成样地周围地段的不必要破坏，因此将草本层的元素取样和生物量调查归于相同样方中进行，样方面积参照《陆地生态系统生物观测规范》第 59 页有关内容设置。样方内物种合计地上部干重小于 5 g 者全部归为该样方的草本混合样（仅区分地上部和地下部，不区分物种）。

（4）地表凋落物

收集选定草本层元素调查样方中的所有地表凋落物，按照枯叶、枯枝、树皮、花果、杂物五部分进行分拣和测定。

（5）根系

森林内植物根系纵横交错，很难按照种类将其逐一区分，因此，根系调查目的主要以反映整个群落根系整体情况为主，不对每个物种进行逐一分析。根系取样方法以草本层地下生物量取样方法为准。

6.1.2　土壤微生物土壤样品采集、运输与储存

土壤样品的采集、运输和保存，对于土壤微生物的测试数据至关重要。本节针对野外样品采集、运输和短暂保存方法及相关注意事项进行介绍，土壤微生物样品室内保存和分析方法参见本书 6.2.2 节。

6.1.2.1　样品采集

（1）采样点设置

采集的土壤样品必须具有代表性，要能最大限度地反映其所代表区域或田块的实际情况。但是，自然条件下土壤分布复杂，差异性很大。一般，在每个样地，视地形与土壤情况设置 6～15 个采样点，采样点不要过于集中，如森林坡地，可以分坡上、坡中、坡下等土壤海拔高度分别选点。取样尽量避开根系和堆肥点等微生物活动的热点区域，选择未经人为扰动的区域，如果是农田则要避开沟、渠、路、井、坑边和粪堆等区域。

各点需要 3～6 个重复采样等量混合，减小异质性带来的差异。采样点一经确定，应保证其具有长期稳定性并对其进行标记，便于进行比较测试，以及降低前后取样的空间干扰。

（2）采样时间

CERN 要求每五年做一个季节动态观测，统一要求在观测年的 1、4、7、10 月进行采样。

采样时间对微生物影响很大，微生物随着季节的转换而变化，也随着雨季、旱季的变更而不同。采样要避免雨季和雨后采土，一般在雨停后 2～3d 再采样，因为下雨后不同土壤颗粒和团聚体之间通过水桥相连，此时取样对土壤微生物生物量有显著影响，而且增加后期晾晒和过筛等人为影响。同样，采样也要避免长期（>30 d）干旱、冰冻或淹水之后立即取样。

（3）采样方法

从土壤采集、处理、存储直至分析的整个过程中均需要考虑温度、水分、氧气等环境条件以及存储时间等对微生物区系以及活性的影响，尽量避免可能影响土壤性质的因素。以下对好氧条件下的采样方法进行介绍：

1）取样前，先将所有采样工具、装土的样品袋或其他容器进行灭菌消毒，可以用采样区内的土样擦拭以免外源微生物干扰；容器尽量用不会吸收土壤水分和影响土壤性质且不易碎的容器，一般采用聚乙烯封口袋或者螺纹口瓶子。

2）在选择好的取样点，首先去除地表凋落物和植被，一般铲除 1 cm 左右的表土，以免地面微生物与土样混杂。

3）取样深度按照实验设计而定，一般取 0～10 cm，如果分层取样，需要注意由于上

层土微生物量一般要显著高于下层，所以要先取下层土，以免上层坍塌导致上下层土样混杂，具体可采取挖剖面或者土钻取到下层深度后，分层向样品袋放土，深层土壤可直接用土钻取样。

4）多点取样、等量混匀后采用四分法取适量土壤装入样品袋中，一般根据观测或者研究的具体指标的需求确定土样量，此步骤也可在带回实验室后进行。

5）样品袋内外均须附上标签或者标记，记录采样点的位置、日期、土层等信息或代码，另外采样表中需要准确记录样地位置和采样确切位点、样地历史、相关细节及特征描述、采样日期和时间、当时或者临近取样前的天气情况（温度、雨后多久等）、地表植被大致情况、取样工具、取样人等信息。注意样品袋或者容器不要装满土壤，应保留一定空间再密封，以免样品袋或容器底层土壤处于厌氧环境，另外，密封好的样品袋或者容器切忌暴晒，以免造成微生物的消长。

6.1.2.2 样品运输与储存

土样从采集点到实验室往往需要经历一定时间的运输，土样运输过程中难免影响土壤的温度、水分、氧气等环境条件，所以要尽快置于黑暗、低温（4℃）的密闭环境，尽量维持土壤含水量稳定不变，黑暗环境是为了避免光照下藻类在土壤表面的生长，低温是为了减少细菌繁殖，维持微生物区系稳定。另外，储存时尽可能避免物理压实，样品袋不要堆叠过多，以免破坏土壤原有的团粒结构，并导致底层样品处于厌氧环境（林先贵，2010）。

微生物取样的土壤样品需要在0～4℃的条件下保存，所以土壤样品应及时保存在保温箱或者冰箱中（设置0～4℃），并最好在一周内完成前期处理。

如果采集地有冰箱、熏蒸所需的真空干燥器和通风橱等设施，建议将微生物土壤样品熏蒸浸提后，以冷冻的浸提液保存在塑料小瓶中，以方便运送。

如果采集地没有通风橱等设施，建议将所取的土壤样品，过筛后冷藏在保温箱中，以方便运送。具体的流程如下：

（1）提前准备好保温箱及冷冻好的冰板。冰板需要提前1～2 d冷冻，可以再用自封袋装一定量水分放平冷冻为规则的冰块备用。

（2）按照微生物取样规范进行取样，及时过筛去除根系、土壤动物等杂质，放置在0～4℃保鲜冰箱中保存。

（3）运输当天将土壤样品密封好，放入保温箱中，保温箱底部、四周及顶部均放置冰板和用自封袋密封的冰块，保证样品四周均可接触冰板或者冰块。注意保证土壤样品和冰块分别密封，以防路途中融化的水分进入土壤样品污染样品。

（4）到达目的地后，迅速将样品放入保鲜冰箱（0～4℃）保存待测。

如果采样地条件允许，可以根据规范上的实验方法，将样品熏蒸、浸提后保存在塑料小方瓶中，−20℃冷冻，然后再按照以上的流程放置保温箱中运送到目的地，迅速放置在冷冻冰箱中（−20℃）保存待测。

如果购买不到保温箱，可选用运输一些水果、蔬菜等的白色的泡沫箱，密封严实后亦可，保温效果可能不及保温箱，路途较远多放置冰板及冰块，途中尽量不要打开，放入及取出都要及时，且需要提前确认样品采集地和目的地冰箱有足够空间存放土壤样品或者浸提液样品。

特别要注意微生物样品的密封，防止融化的水分或者其他污染源污染样品。

6.2 室内分析质量控制

室内样品分析指在实验室内对野外采集的样品进行化学分析的过程，包括样品制备、样品检测、数据记录及出具数据报告等环节。目前 CERN 对室内样品分析指标都有统一的推荐方法和操作规范，对各种方法的注意事项或质控要点都有比较详细的介绍（董鸣等，1997；吴冬秀等，2007），本章主要阐述室内样品分析环节的共性质控措施，对具体方法不做阐述。然而，对于土壤微生物生物量碳分析，由于是 2005 年新增指标，实际操作中遇到的问题较多，本章对其测定方法进行补充性阐述。

6.2.1 共性质控措施

为了保证样品分析测试结果的可靠性及实验室之间分析结果的可比性，需要严格按照观测规范操作，并对影响样品检测质量的因素进行有效控制。就室内样品分析的整个过程而言，影响样品检测结果的关键因素主要包括：检测人员素质、仪器设备、实验材料、检测环境及设施。关键环节主要包括：样品处置、检测过程、检测数据记录与数据处理等。

6.2.1.1 关键影响因素的质控

（1）检测人员素质

检测人员的专业知识、技术能力以及工作态度等都直接影响检测结果的质量。检测人员必须具备与其工作相适应的专业理论知识和专业技术能力，并具备较高的实验室操作水平。具体体现在检测过程中，要能够采取适当的措施对影响检测结果的因素予以有效地控制，使其对检测数据质量的影响控制在可以接受的范围之内。

1）实验室技术人员队伍应尽量稳定，且具备一定的经验，以保证实验室检测水平的相对稳定。

2）定期对各类检测人员、大型仪器及特种设备操作人员进行培训，以确保仪器操作人员获得常年的、持续的培训和继续教育。

3）建立考核评估制度，对检测人员的实验操作技术、继续教育、岗位培训、基础专业知识等做出明确规定。

4）建立一人一档的技术业绩档案。包括学习经历、培训、继续教育、资格证书、技能、工作经历、科研、论文发表、考核以及获奖情况记录等资料。

（2）仪器设备

仪器设备是实验室开展正常检测工作，取得准确检测数据的重要资源之一。仪器设备的工作状态将直接影响检测数据的准确性，必须严格加以管理，保证仪器设备性能处于完好和经检定合格的受控状态，以满足检测工作的要求，确保检测数据的质量。

1）常用仪器设备通常包括样品的度量、称量、烘干、消解、定容和分析检测。仪器设备的技术性能直接影响检测结果的质量。所以，仪器设备在使用周期内应对其进行定期的维护和校准。

生物检测实验室内常用的、需要计量检定或校准的仪器设备：测量长度的米尺、卷尺、游标卡尺等，需检定其示值误差。常用分析仪器，天平，要定期标定，检定其示值误差、偏载误差和重复性等。烘箱、高温马弗炉，检定其温度波动幅度、温度均匀度，温度偏差、示值误差等。碳氮分析仪、自动定氮仪应采用国家标准物质校准其准确度和精密度。等离子体发射光谱和原子吸收光谱，检定其波长示值误差、波长重复性，分辨率、检出限、精密度，静态、动态稳定性等。紫外可见分光光度计，检定其波长示值误差、波长重复性，透射比示值误差、稳定性、重复性，基线平直度和杂散光等。总之，实验室应保证仪器设备处于良好的工作状态。

2）制定详细的仪器设备管理制度。编制仪器设备使用、维护、检定作业指导书，建立仪器设备使用、维护、检定、核查记录制度，对所有的仪器设备进行定期管理和维护。

3）发现仪器设备运转异常或有明显缺陷时，应立即停止使用，由设备管理人员组织专业人员进行维修。

4）精密、大型仪器设备应由专业技术人员操作。仪器设备使用、维护、操作规程等有关技术资料，均以副本的形式发放给相关人员使用。

5）建立仪器设备档案管理制度，尤其对检测具有重要影响的设备及其软件均需建立一台一档案制度，并将档案存档保存。

6）对仪器设备的状态实施标识管理。仪器设备状态标识包括以下信息：① 名称、编号；② 检定日期；③ 检定机构或人员；④ 检定结果：合格或校准或停用；⑤ 检定有效期或下次检定日期。

（3）检测环境及设施

环境因素对检验结果的准确性和有效性有重要的影响，具备必要的环境设施条件并进行有效的监控是保证检测工作正常开展的先决条件。设施和环境条件满足检测需要，有利于检测的正确实施，并确保实验室检测安全和人员的安全。

1）根据实验功能的不同，配备相应的操作间，如制样间、天平室、高温室、样品消解实验室、仪器设备室等。制样室要远离精密仪器室，烘箱室要远离易燃、易爆气瓶室等，采取有效措施进行隔离，防止影响检测工作质量和对环境的交叉污染。另外，实验室环境不仅要符合仪器设备对环境条件的要求，而且也要保证操作人员的安全和健康。

2）定期对环境和设施进行检查、监控、处理并记录，以预防环境条件可能对设备、物资、人员造成的侵害或对检测试验工作产生不利影响。如冰箱、冰柜的冷藏温度是否合适，消煮加热用电热板及恒温振荡器的温度指示是否正确等都需要检验，才能保证实验条件满足检测的需要，否则，可能影响检测结果的真实性和有效性。

3）实验室应确保化学危险品、毒品、有害生物、电离辐射、高温、水、气、火、电等危及安全的因素得到有效控制，并有相应的检查制度和应急处理措施。

4）实验室根据检测环境设施的要求，配备相应的设施设备，确保检测产生的废气、废液、粉尘、噪声、固废物等的处理符合环保和健康的要求，并有相应的检查制度和应急处理措施。如化学药品、有毒废液等集中处理并采取措施避免污染环境。超出实验室处置范围的，应委托环保部门进行处置。

5）为了确保实验室检测工作质量和人员安全，对工作区域应有正确、显著的标识并对人员出入进行有效控制，防止人员未经允许进入检测区域。

（4）实验材料

实验材料包括试剂、器皿及实验使用的消耗材料等。检测使用的试剂、器皿、消耗材料等供应品的采购是整个检测工作中的重要组成部分，直接影响检测工作的质量，因此必须对实验材料的质量进行严格控制，以确保检测质量不受影响。试剂的质量对检验结果的影响主要有两种情形：一种是试剂不纯（本身含有被测组分）而使结果偏高；另一种是试剂失效或灵敏度低而影响检测结果的准确性。

1）为保证外购物品和外部提供的相关服务的质量，必须选择合格的检定或校准服务提供方、仪器设备和消耗性材料的供应方。对实验材料的购买、验收、存储程序要有相应的规定和记录，对于不合格实验材料的处理也要有相应的处理规范。

2）实验室对重要的服务和供应品应编制采购文件，对重要的服务和供应品的服务方和供应商经过调查、评价、选择，在此基础上建立具备资格的"合格服务方和供应商名单"。

3）对供应品（试剂和消耗性材料）应有验收要求，只有经过检查，验收合格、证实采购品符合相关要求后才能投入使用。可以根据试剂的技术要求进行验证，从而可以判断该试剂是否符合技术要求的规定。还可以根据试剂的质量要求进行确认，即通过实验来对试剂进行验证和确认，但并不限于这两种方法。还必须建立试剂验证、确认记录；合格供应商、合格与不合格试剂名录制度，为正确采购试剂提供依据。

例如：在对植物样品中碳、氮、磷、钾、硫、钙、镁、铁、锰、铜、锌、钼、硼、硅等项目进行测定时，样品前处理时需要用硫酸、盐酸、硝酸对样品进行消解，这时所用的酸就不能含有这些被检测离子，否则，将随着样品消解用酸量的增加，消化浓缩后，将酸中所含的这些离子带到消解的样品液中，影响被检测离子的准确测定。虽然我们同时也可以做试剂空白试验，但对于锰、铜、锌、钼、硼这些微量元素的测定，如何扣除较高的空白值是比较困难的，也是不可靠的，行之有效的方法是把分析空白降至可以忽略不计的程度。因此，只有对这些实验试剂的质量进行了严格控制，才能确保检测结果质量不受影响。

4）实验材料、试剂不同批次的检验也很重要，一般情况下，当年尽量使用同一批次试剂。

5）实验室用水应严格按《分析实验室用水规格和试验方法》（GB 6682—92）规定进行控制。

6）玻璃量器示值的准确性直接关系到检测数据的准确性，实验室新购置的玻璃量器，如滴定管、分度吸量管、单标线吸量管、单标线容量瓶、量筒、量杯必须按《中华人民共和国国家计量检定规程　常用玻璃量器》（JJG 196—2006）进行检定方可使用。

6.2.1.2 关键环节的质控

（1）样品处置

样品处置是指对样品进行制备和管理，包括样品的前处理、样品制备、保存和备份等。样品处置过程非常重要，往往由于样品处置不当带来的误差远远大于分析本身产生的误差。必须对样品处置环节进行有效的管理和控制，确保样品的代表性、真实性、完整性。

在《陆地生态系统生物观测规范》（吴冬秀等，2007）一书中对样品制备与保存有详细介绍。需要强调的是，必须根据测试项目的特点对样品处置环节实施有效的质量控制措施。

1）样品标识清晰且编号不混淆

避免样品制备或保存期间标识丢失或不可辨认。此外，实验室检测分析时往往会重新编号，必须注意编号的唯一性且确保新编号与样品原始编号一一对应，以免混淆。

2）新鲜样品及时分析

部分分析指标需要新鲜样品，如土壤有效氮、土壤微生物生物量的测试分析，新鲜样品制备完成后应尽快分析，减小误差。

3）样品保存条件合适

根据样品测试项目要求，确保样品保存条件适宜，不影响检测结果。例如：新鲜植物样品无法立刻烘干，应立即杀青，敞口放在通风处，避免湿气过重影响分析结果，无法使用烘箱时，也可选用家用微波炉等（需放入一定水及控制好时间温度）杀青；新鲜土样无法立即浸提，一周内可放于 4℃冰箱内保存；浸提液可在−20℃的环境中保存，但最长不宜超过 3 个月。另外，避免样品在保存过程中发生丢失、变质、损坏或交叉污染。

4）样品不受污染

制备的样品不能受到污染，否则影响检测数据质量。如进行植物金属元素分析，烘干样品放在信封或者塑料袋中揉碎，然后用瓷研钵研磨，必要时需要用玛瑙研钵进行研磨，并避免使用铜、铁等金属筛子（可用尼龙网筛），这样就可以不引起显著的微量元素污染。注意样品之间不要相互污染，在过筛或者粉碎等样品前处理过程中，保持容器洁净，减少样品间污染。

（2）检测过程

检测过程包括样品的接收、前处理、分析测试操作到检验结果报告的出具。检测过程的质量控制目的在于排除检测过程中导致检测数据不合格的因素。对检查过程实施有效的质量控制措施能反映实验室检测过程分析质量稳定性的状况，以便及时发现分析中异常情况，随时采取相应的校正措施。实验室检测过程经常采用的质量控制措施包括：①标准样品及参比样品检验；②加标回收率试验；③平行样分析；④比对试验；⑤质量控制图等。

1）标准样品及参比样品检验

在实验室日常分析工作中，利用标准样品及参比样品进行质量控制可收到良好的效果。根据日常检测样品的种类，使用带有证书的标准物质和检测样品同时进行测定，可对日常检测结果的准确性进行核查。

a）标准物质的测定结果与标准值之差的绝对值应落入可接受的范围内，否则应检查检测过程中所有环节和其他影响因素。此方法可以保证检测结果的可比性和溯源性。

b）注意标准物质的基体、给定赋值应尽可能与待测样品保持一致。如测定植物样品中元素含量时，选用专门用于植物元素含量检查的质控标准样品，且被检查元素含量与样品接近的标准物质（如标准茶叶粉等）。

c）在没有标准样品的情况下，可采用工作用参比样品。参比样品的要求较标准样品为低，可采集一定数量样品，经风干、剔除杂物、制样、充分混匀后，分发至几个条件较好的实验室（一般不少于 5 个），用统一方法进行成分分析，经整理统计后，其平均值和标准差可作为实验室日常分析工作的参比值。

2）加标回收率试验

在测定成批样品时，随机抽取 10%～20%的样品，加入一定量待测组分的标准物质，与样品一起在相同条件下进行分析，并计算回收百分率：

$$P(\%) = \frac{x_1 - x_0}{m} \times 100\%$$

式中，P 为加入标准物质的回收率；m 为加入标准物质的量；x_1 为加标样品测定值；x_0 为样品测定值。

一般要求，被测定物质的回收率应达 90%～110%。

3）平行样分析

平行样分析是指在同一实验室中，同一分析人员、同一分析设备、同一分析时间，用同一分析方法对同一样品进行双样或多样平行测定，比较结果之间的符合程度。无质量控制标准样品的检测项目，或样品数量较少时，应对全部样品进行平行双样测定。平行样的相对标准偏差在小于允许限时取均值报告结果。样品数量较多的成批相同基体类型样品，取 10%～20%的样品做平行测定。平行测定所得的相对偏差不得大于标准分析方法规定的相对标准偏差的两倍。对于尚未确定平行样相对标准偏差控制限的检测，可按分析结果所在数量级的具体的情况，参照表 6-1 确定。

表 6-1 平行样测定相对标准偏差允许限

分析结果所在数量级	10^{-4}	10^{-5}	10^{-6}	10^{-7}	10^{-8}	10^{-9}	10^{-10}
相对偏差最大允许值/%	1	2.5	5	10	20	30	50

4）比对试验

a）重复性试验：是指在同一实验室内，当分析人员、分析设备和分析时间三个因素中至少有一项不相同时，用同一分析方法对同一样品进行双样或多样平行测定并考察结果之间的符合程度。当分析人员不相同时称为人员比对，当仪器设备不相同时称为仪器比对。例如植物样品中氮的测定，可用碳氮分析仪直接测定，也可用硫酸高温消解，全自动凯氏定氮仪蒸馏、滴定来测定。当分析时间不同时，称为样品复测或样品再检验。根据这些比对试验所得测定值的符合程度来估计测定的准确度。

b）不同分析方法的比较试验：如果采用非规范推荐的其他分析方法进行测定时，对同一样品，比较测定结果与规范推荐方法的符合程度与差异性，判定其可比性。

c）生态站间比对：不同生态站实验室间比对或能力验证是实施实验室间质量控制的重要措施。通常由分中心分发盲样至多个生态站实验室，由各生态站分析人员进行双样平行测定。将测定结果报送给分中心，由分中心对分析结果准确度进行判断。这是考核分析人员或一个实验室分析质量的重要措施之一。因此，应有计划、有目的地组织比对试验，通过以上手段及措施，达到质量控制的目的。如 CERN 生物分中心、土壤分中心、水分分中心每 2～3 年都会组织 30 多个生态站的相关实验室进行植物、土壤、水质分析的实验室间检测能力比对，以保证各实验室的检测能力及质量，提高检验结果的可比性。

5）质量控制图

实验室通常用质量控制图（GB/T 4091—2001；GB/T 4886—2002）来评价实验室分析数据的有效性和准确性。质量控制图是分析过程中进行分析质量控制的一种手段，主要反映分析质量的稳定性情况，以便及时发现某些偶然的异常现象，采取相应的校正措施。质量控制图是以横轴表示分析日期或样品序号，纵轴表示要控制的统计量，中心线是受控制的统计量的均值，上、下控制限是质量评定和采取措施的标准。质量控制图是根据分析结果之间存在着变异，而且这种变异是按照正态分布的原理编制而成的。编制步骤一般为：收集数据，选择并确定统计量，如平均值、空白值、回收率、标准偏差、极差等，计算并画出中心线，上、下控制线，上、下警告线。

下面以均值控制图为例介绍质量控制图的制作与使用（图6-1）。按样品测定操作步骤测定质控样，至少积累 20 个测定数据，计算均值 $\overline{X}$ 和标准差 SD。以测定次序为横坐标，测定结果为纵坐标，与横坐标 $\overline{X}$ 平行的 $\overline{X} \pm 2SD$ 为上下警告线，$\overline{X} \pm 3SD$ 为上下控制线。将每次测定质控样的结果按测定次序标在质控图上并进行评价。测定结果在警告线以内，表示测定过程和仪器设备正常，满足质控要求。测定结果虽在警告线之内，但连续七次偏于均值的一边，应找出系统误差的来源，加以改进。测定结果在警告线以外控制线以内，表示测定结果可以接受，但必须找出误差来源，加以改正。测定结果超出控制线，必须立即停止测定，检查误差来源，采取改正措施，并做记录后，重测质控样，直到测定结果回到控制线以内，才能测定样品。

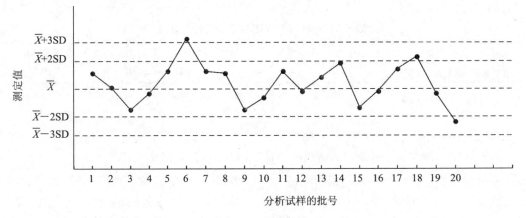

图 6-1　均值控制图

（3）检测数据记录、处理及报告

记录是实验室在进行质量管理和技术运作时产生的证实性文件。记录应及时、真实、全面、准确、清晰，以确保根据这些信息量能再现（或追溯、证实）检测过程。

1）记录格式应设置为专用型，少采用通用型。检测原始记录的内容一般应包括：记录名称、编号、环境条件、仪器名称和编号及精度等级、样品编号、样品预处理情况、检测依据和方法、对检测有影响的参数、原始检测数据、计算公式和导出数据、检测日期和检测人员、校核人签字。

2）记录填写应及时、真实、清洁，字迹工整，要求一律用钢笔或碳素笔而不能用铅笔填写。原始记录是检测和管理过程的纪实，所有项目都应填写完整，个别项目确实不需要填写的，应用斜线表示。记录不得涂改，确需更改的，应在原记录上平行画横线"—"，将更改数据填于其正上方，更改人签字并注明原因。

3）记录要原始，不允许重抄，不得追记，应记录运算过程（含公式），不能直接记录计算的结果，记录应包含足够的信息以保证其能够再现。原始检测记录应有检测人和校核人签名，校核应真正起到校核的作用。

4）实验室的各种记录填写和更改应正确、完整、清晰。应规定记录的保存期限，保存期限应合理，方便存取和查阅。实验室应有妥善的记录保存条件和保密机制。各类记录均由实验室安排专人管理，任何个人不得擅自保留。

6.2.1.3 质量监督与检查

为了确保满足室内分析测试结果的准确度达到规定的要求，需对整个分析过程的状况进行连续的监视和验证，并对记录或者数据进行检查，进而根据这种检查结果对分析过程中相应环节中出现的异常情况进行适时的修正（GB/T 15481—2000）。其目的在于解决质量控制体系执行过程中存在的问题，发现存在的问题采取纠正措施或预防措施，以最终确保室内分析的结果满足数据质量要求。

1）实验室质量监督采用动态监督和静态监督相结合的方式进行。动态监督指随时随地的、不预先通知的、对人员及检测过程的监督。静态监督是指有计划地对人员及检测过程实施监督。

2）质量监督的对象包括以上所有室内分析过程的各个环节，如资源（包括检测人员、检测用仪器和标准物质、检测设施及环境条件、检测所使用的材料等）、检测过程、记录、数据处理等是否严格执行数据质量控制程序。如监督实验室人员是否具有完成其所从事的检测工作的能力，以及是否严格执行作业指导书规定的程序和方法，并形成及时、准确、清晰、完整的记录等。

3）对资源进行监督是对检测的过程进行监督的基础，而检测的过程是影响检测结果准确、可靠的关键环节，对检测的全过程进行监督是质量监督的重点，也是质量监督的难点，要善于依据实际情况，抓住质量控制环节进行监督。

4）对检测的结果、报告进行监督的重点应在数据上，即检测报告的数据与原始记录数据的一致性、计算数据的正确性、不确定度分析的准确性。

5）质量监督应该详细记录监督活动的内容。同时，把发现的问题按照程序文件的要求，向相关人员进行反馈，形成文字材料，以作为相关文件修改的依据。

6）质量监督的评价。任何监督管理体系的运作都必须对其运行的效果作及时的评估，否则监督必流于形式，起不到确保整个质量控制体系有效运行的作用。质量监督评价的内容包括，质量监督中发现的不符合项是否及时采取措施处理，措施是否有效；前期质量监督中发现的不符合项，在近期监督中是否再次发生；质量监督中发现的不符合项，在质量管理体系运行、技术运作中是否再发生等。

6.2.2 土壤微生物分析

土壤微生物复杂多样而且对于生态系统有非常重要的作用，对其现状、动态及影响因素进行观测很重要。但是，由于土壤微生物特殊的生境，往往受到忽视，或者由于方法的限制，一直被认为是黑箱。目前随着新技术方法的发展，尤其是分子生物学技术的发展，微生物研究也越来越多，越来越深入。很多生态站已经开展了很多关于土壤微生物的观测，为了获得可以反映生态系统微生物现状与动态变化的高质量数据，需要采取严格的土壤微生物观测的质控措施。

在《陆地生态系统生物观测规范》第 229～245 页对土壤微生物群落生物量、结构分析及其质控措施均有一定介绍，虽然 CERN 目前仅把土壤微生物生物量碳作为观测的核心指标，但随着对微生物研究和认识的发展，微生物其他的观测指标项目也将越来越受到重视。本节主要对规范内容进行补充完善，如氯仿熏蒸后采用微量总有机碳分析仪（TOC）测定的流程以及质控措施等；对目前采用的新方法进行简单介绍，供已开展相关研究的生态站做参考。此外，土壤微生物样品的采集、野外运输和保存过程也是微生物观测的重要环节，直接关系到分析结果的正确性，这部分内容参见本书"6.1.3"微生物样品采集质控措施。

6.2.2.1 土壤微生物样品储存

土壤微生物样品管理和制备过程相对特殊，因此对土壤微生物样品在实验室内分析阶段的储存需要特别注意对储存条件和储存时间的控制，以保证检测结果准确。

（1）微生物样品储存条件

实验室应具备低温保存微生物土壤样品的条件，根据土壤微生物的观测指标、样品状态等不同对样品储存条件的要求如下：

1）微生物生物量分析一般要求土壤鲜样置于4℃左右冷藏保存，可放在冰箱冷藏室或者事先放置冰板或者冰块的保温箱中，不能处于冰点以下，以免冰冻影响微生物。一般的菌种保存也大多是在4℃，这个温度可以减小细胞繁殖，维持微生物区系的稳定性。

2）微生物土壤样品经过熏蒸浸提等前处理后的浸提液样品置于−20℃左右的环境中冷冻保存。

3）微生物多样性分析中 Biolog 板法、PLFA 法或者 DNA 测序时大多都是采用冷冻法保存土样，且为了避免由于冷冻速度过慢导致菌体会表达大量的抗逆性基因和蛋白，样品可以速冻后（液氮罐），保存在超低温冰箱中（−70℃）（吴愉萍，2009）。

4）尽量减少开关冰箱或保温箱，已保证恒定低温效果。如遇停电等突发事件，做好相应应急处理措施。

5）特别要注意微生物样品在实验室保存和分析过程中的密封，以免凝结的水汽或其他污染源对样品造成污染。

（2）微生物样品的储存时间

土壤微生物样品要求在最短的时间内分析，对于土壤微生物的土壤样品允许储存多长时间并没有确切报道。一般认为土壤鲜样4℃下可保存一周，土壤浸提液−20℃下可保存一个月。对于不同微生物种类的最适宜保存温度并不相同，低温也可以造成某些微生物的死亡，到目前为止，低温对各种微生物死亡速率的影响研究较少，还不能确定低温确实可以保持原有微生物区系不变，因此土壤微生物样品应尽快分析。ISO 10381 国际标准指出，样品采集后储存时间最长不能超过 3 个月，有报道在 4℃下保存超过一个月以后土壤微生物的组成和对不同碳源的利用都发生了显著变化（Goberna et al.，2005）。超低温保存一年后磷脂脂肪酸总量显著降低（吴愉萍，2009）。因此建议尽快分析，一般不要超过一个月。

6.2.2.2 土壤微生物生物量碳分析

土壤微生物种类繁多，功能各异，对有机质分解和碳、氮、磷等元素转化与循环起重要作用，以土壤微生物的生物总质量，即土壤微生物生物量，表征其群落总的种群大小，可以为土壤微生物的研究提供一个整体上总量的认识。土壤微生物生物量碳是指土壤中所有活微生物体中碳的总量，通常占微生物干物质的 40%～45%，是反映土壤微生物生物量大小的重要的指标。氯仿熏蒸浸提法是 CERN 推荐的微生物生物量碳的提取方法。

（1）基本原理

新鲜土壤经氯仿熏蒸（24 h）处理后，被杀死的土壤微生物生物量碳，能够以一定比例被 0.5 mol/L 的 K_2SO_4 溶液浸提并被定量的测定出来（Wu et al.，1990），根据熏蒸土壤与未熏蒸土壤测定的有机碳量的差值和浸提效率（或转换系数 K_{EC}），估计土壤微生物生物量碳。

（2）操作步骤

样品进入室内分析前需要经过前处理、预培养、氯仿熏蒸、浸提和测定。具体流程和操作步骤内容在《陆地生态系统生物观测规范》（吴冬秀等，2007）中有详细介绍。测定方法在规范一书中介绍的是浓硫酸氧化法，对于土壤微生物生物量碳含量较低的土壤其分析精度较低，本节补充介绍目前采用比较多的微量总有机碳分析仪（TOC）测定法，该方法不仅更为快速和精确，且适用于微生物生物量碳含量较低的土壤（吴金水等，2006）。TOC 仪器分析测定的步骤：

a）根据土壤微生物生物量碳的可能阈值，对浸提液进行稀释，一般稀释 10 倍。如取 1 ml 浸提液，加 3%HCl 溶液 200 μl（0.2 ml），再加 8.8 ml 超纯水则为稀释 10 倍。

b）工作曲线：分别吸取 0、2.00、4.00、6.00、8.00、10.00 ml 邻苯二甲酸氢钾标准溶液（碳含量 1 g/L）于 100 ml 容量瓶中，超纯水定容，即得 0、20、40、60、80、100 mg/L 系列标准溶液，置于 TOC 分析仪测定。工作曲线可根据土壤微生物生物量碳的可能阈值做适当改变，例如含量较低时，低浓度段标准溶液适当增加，如最高值不超过 50 mg/L，则可以取 0、1.00、2.00、3.00、4.00、5.00 ml 邻苯二甲酸氢钾标准溶液配成 0、10、20、30、40、50 mg/L 标准溶液，以增加根据工作曲线读取的测定值的准确度。

c）结果计算：$BC = \dfrac{(TOC_{熏蒸} - TOC_{未熏蒸}) \times f \times ts}{W \times K_{EC}}$

式中，BC 为土壤微生物生物量碳的质量分数，mg/kg；f 为稀释倍数，指上机前稀释倍数，一般为 10 倍；ts 为分取倍数，如果 50 ml 浸提液吸取 1 ml 用于测定，则 ts 为 50/1；W 为烘干土质量，g；K_{EC} 为氯仿熏蒸杀死的微生物体中的碳（C）被浸提出来的比例，仪器法一般取 0.45（吴金水等，2006）。

（3）质控措施

1）氯仿熏蒸的质控措施

a）操作过程严格按照规范要求。操作过程须戴丙腈橡胶手套；所有药品要求使用分析纯级，尽量用同一批次药品，尤其 K_2SO_4 浸提液最好是同一批次药品配制；滤纸使用定量滤纸；实验分析过程中所有器皿（试管、小瓶及瓶盖等）在实验前全部灭菌（塑料小瓶用稀酸浸泡过夜）、洗净、烘干。

b）熏蒸用氯仿必须经过洗脱去除乙醇。由于乙醇融入水，无法通过抽真空去除而滞留在土壤中，会导致测定结果偏高，无乙醇氯仿的制备过程参见《陆地生态系统生物观测规范》（吴冬秀等，2007）。

c）氯仿熏蒸完成后，确保抽提干净。氯仿抽提一定要反复 3 次以上，以确保氯仿完全抽提干净，否则会影响实验结果，而且氯仿具有致癌作用，抽提不干净会对后期实验操作人员造成伤害，因此所有涉及氯仿的操作必须在通风橱中进行。

d）严格把握氯仿熏蒸时间；氯仿熏蒸时，注意干燥器底部保持一定湿度，防止熏蒸过程中土壤变干；盛放氯仿的小烧杯中需加入防爆物质，可以使用干净的碎磁片，防爆效果较好，且要求碎瓷片是干净的，否则影响氯仿沸腾效果。

e）为了确保检测过程的质量，可以在实验最开始熏蒸阶段插入多个平行样，另外，每批次需插入无土壤的空白样。

f）剩余土壤样品需要低温（4℃）保存一段时间，以备出现问题数据重新进行熏蒸浸提。

g）对于微生物生物量碳含量很低的土壤，可将浸提的土水比由 $1:4$（$W:V$）降为 $1:2$，以提高测定精确度（林启美等，1999）。

2）仪器检测的质控措施

a）熏蒸提取后的浸提液要求尽快测定。无法立即测定的，需要在低温（$-20℃$）下保存，非低温保存下放置时间过长（$>20\,h$）会导致测定结果下降，因此每天解冻的样品数量要适宜，保证当天能够测定完成，尽量减少冻融次数。

b）低温保存下的土壤浸提液，解冻后会出现一些白色沉淀（$CaSO_4$ 或 K_2SO_4 结晶），对有机碳测定没有影响（Brookes et al.，1985），不必去除，但测样前应充分摇匀。

c）仪器法测定时根据土壤微生物生物量碳情况（如森林还是草地土壤），注意将浸提液稀释足够倍数以上（如草地土壤一般稀释 5～10 倍），以免高盐样品堵塞仪器管道。

d）注意仪器法公式中 K_{EC} 转换系数为 0.45（Wu et al.，1990），因为仪器分析法测定结果比容重分析法高 18%。

e）所有浸提液测定完成后在低温（$-20℃$）下保存一段时间，实验结束后尽快分析结果，出现异常值，需要对浸提液进行重新解冻测定。

6.2.2.3 土壤微生物结构多样性分析

土壤微生物的结构多样性是指土壤微生物群落在细胞结构组分上的多样化程度，是反映微生物代谢和功能多样化的重要方面，也可以反映其本身与环境间作用的多样化程度，影响到整个生态系统的稳定性以及对环境变化和扰动等的恢复力。目前一般采用磷脂脂肪酸法（PLFA）来对土壤微生物群落结构进行识别和定量描述。PLFA 法既可以较为准确地估算土壤微生物总生物量以及微生物的组成多样性，还可以计算出不同类群（细菌、真菌、放线菌等）的土壤微生物生物量和组成，同时还可以反映出具有某些特征脂肪酸的特异性功能型微生物的生物量，例如菌根菌丝、甲烷细菌，以及反映土壤微生物的一些抗逆性特征。

虽然 PLFA 不是 CERN 微生物观测的核心指标，但是目前很多生态站已经进行了相关的研究，对土壤微生物的关注已经从总量逐渐趋向于对组成甚至功能的研究。本节在规范的基础上，提供常用的操作性强的检测流程。

（1）基本原理

新鲜土壤经过浸提剂浸提，通过萃取和色谱柱分离出磷脂，磷脂的多种结构类型与微生物多样性有很好的对应关系，脂肪酸的碳原子数、结构、支链成分等可以表示不同种类的微生物，因此可以表示其群落结构的多样性。磷脂仅存在于微生物细胞膜中，微生物细胞死亡后磷脂迅速分解，可以很快检测到，而且磷脂含量相对稳定，不随种类及生长条件和时期而变化，磷脂与甲醇进行酯化反应，形成脂肪酸甲酯，通过插入内标样，再用色谱法测定各种脂肪酸含量。

（2）操作流程

1）试验前准备工作

a）土壤样品首先过筛（2 mm），用镊子检出根、凋落物碎屑、石块及土壤动物等杂物；

b）土壤含水量测定：称 20 g 左右土样于铝盒中，105℃烘干至恒重，然后计算土壤含水量。

c）配置试剂、准备试验所需物品。

需要配置试剂主要有：

① 提取用磷酸缓冲液（0.05 mol/L K_2HPO_4）：34.84 g 磷酸氢钾（K_2HPO_4）+ 12 ml 氯仿（$CHCl_3$）+ 纯水至 4 000 ml。

② 提取液：526 ml 甲醇 + 263 ml 氯仿 + 210 ml 磷酸缓冲液 + 纯水至 1 000 ml。

③ 甲基化用甲醇甲苯混合剂：100 ml 甲醇 + 100 ml 甲苯。

④ 甲基化用氢氧化钾（0.2 mol/L KOH）：

0.5 mol/L 氢氧化钾（KOH）：28.05 g 氢氧化钾 + 1 000 ml 纯水。

0.2 mol/L 氢氧化钾（KOH）：40 ml 0.5 mol/L 氢氧化钾 + 60 ml 甲醇。

⑤ 甲基化用醋酸：4.60 ml 醋酸 + 80 ml 纯水。

2）操作步骤

色谱仪分析前的试验步骤主要分为磷脂提取、脂肪酸分离和甲醇酯化（Bossio & Scow，1998），整个过程需要两天完成，实验操作的简明流程如图 6-2 所示。

完成磷脂提取和甲基化后，就可以进行色谱仪测定，主要的上机测定步骤为：

① 打开色谱分析仪（GC）连接的氢气和空气发生器，待气体稳定后，打开仪器。

② 检查样品盘，按顺序放入样品瓶、废液瓶、正己烷和标样瓶。

③ 将样品转入色谱仪专用的内衬管中，用 25ng/ml 的 C19 内标溶样。

④ 打开 MIDI 软件，进行样品编号、测定保存。

⑤ 运行 MIDI 关闭程序，关机，然后关闭气体发生器。

（3）质控措施

1）提取液选择三氯甲烷：甲醇：磷酸缓冲液体积比为 1∶2∶0.8。

2）尽量用玻璃、聚四氟乙烯或金属器皿，避免使用塑料器皿。

3）所有玻璃器皿（试管、小瓶及瓶盖等）在试验前全部用正己烷清洗，晾干。

4）试验操作必须在通风橱中进行，操作时须戴丙腈橡胶手套和防有机试剂的口罩，因为实验中挥发性有机试剂对人体有害。

5）水、温度、光、氧气中任何一种因子都会破坏脂肪酸，所以提取后的脂肪酸要用 N_2 吹干、低温（－70℃）、避光及封闭保存，以避免以上因子的影响。

6）0.2 mol/L 甲基化氢氧化钾和 1 mol/L 甲基化醋酸当日随用随配。

7）所有试剂需要色谱纯或优级纯以上，并最好经过 GC 检验，无异常峰值出现。

8）样品上机分析前转入专用的玻璃内插管，液面高于 0.5 ml 刻度线，保证可以吸到样品。

9）样品上 GC 分析前使用含内标的正己烷溶样，浓度 25ng/ml，溶样量草原土：80～100 μl，森林土：100～200 μl。

10）如果样品不能立即上机测定，2～3 天－20℃保存，超过 3 天－80℃保存。

11）PLFA 分析的准确性与提取是否完全以及实验过程是否造成污染有很大关系，另外提取过程耗时较长，步骤较烦琐，容易出错，因此对实验条件及操作熟练度有相对较高要求。操作人员需要经过专门培训，由专人负责检测或委托资质较高的实验室测试，以减少误差。

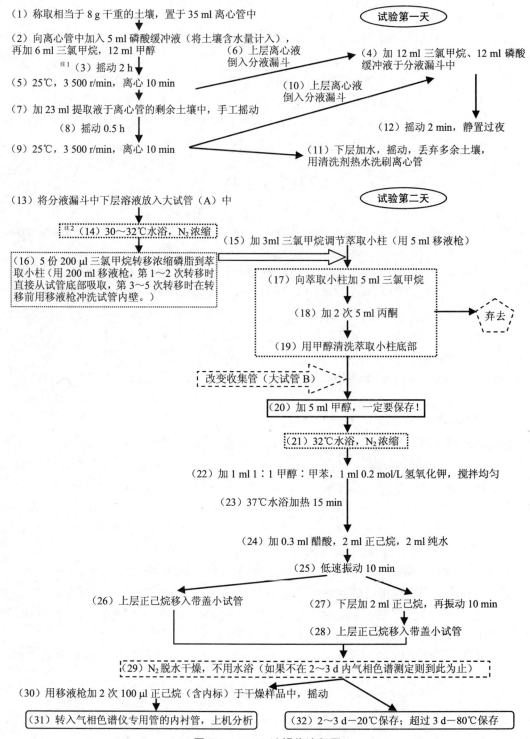

图 6-2　PLFA 法操作流程图

（中国科学院华南植物园周丽霞提供）

注[1] 在进行图中第（3）步摇动 2h 过程中，开始准备第（4）步，完成第（3）步的摇动后将其转入第（5）步。

注[2] 在进行第（14）步 N₂ 吹干浓缩过程中，开始准备第（15）步，完成（14）步后直接进入第（16）步，然后按照第（16）步将浓缩物转入（15）步处理后的萃取小柱中。

6.2.2.4 土壤微生物遗传多样性分析

土壤微生物遗传多样性是土壤微生物在基因水平上所携带的各类遗传物质和遗传信息的多样化程度，是微生物多样性的本质和最终反映（林先贵，2010）。近年来随着分子生物学技术的迅速发展，从分子水平对微生物的群落结构和遗传多样性进行研究也越来越多。遗传多样性的分析方法可以分为两大类：基于杂交的方法和基于 PCR 的分析方法。基于 PCR 是目前最为主要的检测形式，其中又根据变性处理等方式不同分为变性梯度凝胶电泳法（denaturing gradient gel electrophoresis，DGGE）、单链构象多态性法（single strand conformation polymorphisms，SSCP）和末端标记限制性片段长度多态性（Teminal Restriction Fragment Length Polymorphism，T-RFLP）等。T-RFLP 技术是融合了 PCR、RFLP 等技术和 DNA 测序技术而产生的一种全新、快速、有效的微生物群落结构分析方法。T-RFLP 技术与其他调查微生物群落结构的分子生物学方法相比有自己的优势，它比 SSCP 和 DGGE 有更高的灵敏度，比构建 16S rDNA 克隆文库和单纯的 RFLP 分析工作量少很多。本节对 T-RFLP 技术做简单介绍。

T-RFLP 方法建立在 PCR 的基础上，可以检测到环境中所有的菌，包括活菌（可培养的和不可培养的）和未降解的死菌。最终基因扫描图谱分析可以得到不同长度末端带荧光标记的片段（Terminal Restriction Fragment，T-RF）或者称作操作分类单元（Operational taxonomic unit，OUT）的数量，因为可以代表不同的菌，因此可以反映微生物群落组成和多样性。这种方法还可以进行定量分析，每个峰所占面积占总面积的百分数就代表了这种 T-RF 或 OUT 的相对数量。此外，峰值图的重复性很高，因而该技术做定量分析是非常可靠的（林先贵，2010）。

（1）基本原理

根据比较基因组学的研究结果选取一段具有系统进化标记特征的 DNA 序列作为目的分析序列，例如 16S rRNA 基因是最常用的作为细菌群落结构分析的系统进化标记分子，根据目标基因序列上的保守区域设计一对合适的引物，其中一个引物的 5′ 端用荧光物质标记，然后 PCR 扩增所有细菌的 16S rDNA 片段，16S rDNA 可变区的差异则可以用来区分不同的菌群。

微生物群落中任何具有特异性的 DNA 片段都可以作为目标分析序列，例如 16S rRNA（原核生物）、18S rRNA（真核生物）、甲基辅酶 M 还原酶的 *mcrA* 和氨单加氧酶的 *amoA* 基因序列（产甲烷菌）等。而经过长期研究，人们对细菌的 16S rDNA 序列有了清晰的认识：该序列全长约 1 540 bp，有多个区段高度保守。根据这些保守区人们可以设计出细菌的通用引物。随着核酸测序技术的发展，越来越多的 rRNA 基因序列被输入数据库，目前最常用的是 1989 年在美国国家科学基金的资助下核糖体数据库（Ribosomal Database Project，RDP），另外还有 NCBI、EBI 等数据库可以选用。有了强大的数据库支持，采用 16S rDNA 作目的序列进行细菌群落结构分析就更加方便可靠。

（2）操作步骤

1）材料准备

① 仪器：电泳仪、高速离心机、恒温水浴锅、移液器、遗传分析仪、凝胶成像系统

② 试剂：丙烯酰胺、亚甲基双丙烯酰胺、去离子水、尿素、Tris、EDTA、冰乙酸、甲酰胺、溴酚蓝、石蜡油、溴化乙锭、1*TBE 缓冲液、荧光标记的特异性正向引物（常用

荧光物质有 HEX、TET、6-FAM 等）、特异性反向引物、限制性内切酶等。

2）试验步骤

T-RFLP 分析主要分为以下 4 步（图 6-3）：① 土壤总 DNA 提取；② PCR 反应扩增和荧光标记；③ 酶切反应；④ 电泳分析。

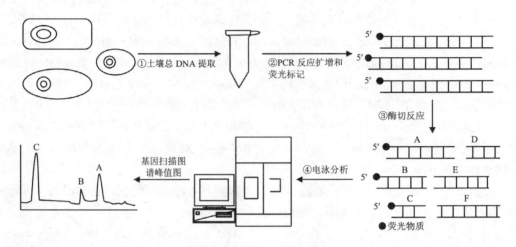

图 6-3　T-RFLP 分析的全过程示意图

（引自王洪媛等，2004）

① 提取待分析样品的总 DNA。提取可以分为直接法和间接法，一般采用直接溶解法，其中 Tris 饱和酚/氯仿有机提取法是最经典方法，适合于绝大多数生物体样本 DNA 提取，但是目前手工提取越来越少，多采用试剂盒提取方法，常用的有 Fast DNA Pro Soil-Direct Kit 试剂盒，提取上更加便捷，成功率和稳定性高。

② 以总 DNA 为模板进行 PCR 扩增，所得到的 PCR 产物一端就带有这种荧光标记。设计 1～2 对通用引物（主要根据 16S rRNA 的基因）进行 PCR 扩增（正向引物 5′端荧光标记），纯化产物。

③ 将 PCR 产物用合适的 4 bp（四碱基）的限制性内切酶消化。取 2 μl 扩增产物，加 1 μl *Hae*III、2 μl 缓冲液和 15 μl 无菌超纯水，使反应体系为 20 μl，37℃酶切 1 h，每组酶切产物中只有一条片段末端标记了荧光。由于在不同菌的扩增片段内存在核苷酸序列的差异，酶切位点会存在差异，酶切后就产生许多不同长度的限制性片段。

④ 消化产物用电泳分析仪进行检测获得峰值图。将 2 μl 酶切产物、12 μl 甲酰胺、0.4 μl 内标物混合后，95℃保持 2 min，冰上冷却 5 min，然后放入遗传分析仪进行片段分析，末端带荧光标记的片段被检测到，而其他没带荧光标记的片段则检测不到，因为一种菌的 OUT 长度是唯一的，所以峰值图上的每一个峰至少代表了一种菌。

3）结果分析

T-RFLP 图谱中每个峰可以作为一个 OUT 来进行分析，峰对应的横坐标代表了 OUT 的片段长度，峰对应的纵坐标代表含荧光物质的 OUT 的荧光强度的总和。那么峰总数代表物种丰富度，每个峰所占面积占总面积的百分数就代表了这种 OUT 的相对数量，可以计算微生物群落多样性。T-RFLP 图谱的准确分析要利用一些统计中专门算法，例如冗余分析、聚类、主成分分析等，具体运算可以用一些专门的商业软件进行在线分析。

单纯的 T-RFLP 可以提供微生物的种类和相对数量的信息。但是还无法确定是何种微生物，定性信息不足。但是如果结合克隆文库分析或者核酸杂交分析，就能确定微生物的种类。

（3）质控措施

① PCR 的特异性非常重要，变性、退火、延伸温度和时间等对 PCR 的特异性影响非常大。退火温度确定后，时间也需要适当控制，过短会导致延伸失败，过长会增加引物与模板间的非特异性结合。

② 提取时往往伴有腐殖质、多糖、蛋白质类等杂质，会极大地影响后续 PCR 过程中有关酶的活性以及结果的真实性和稳定性，需要进行 PCR 扩增产物的纯化，建议选用相应的试剂盒。如需保存建议避光−20℃保存。

③ 在进行在线分析时注意上传 TRELP 实验结果的正确格式。

④ T-RFLP 分析的准确性与总 DNA 提取是否完全以及实验过程关键技术的熟练程度有很大关系，另外分子生物学方法一般对技术要求较高，试验过程影响因素众多，容易出错，因此对实验条件及操作要求熟练度有相对较高要求。建议操作人员经过专业培训，由专人负责检测或委托资质较高的实验室或者公司测试，以减少误差。

6.3 委托测试的质量控制

目前，在 CERN 生态站中，只有部分生态站具备完备的室内样品分析能力，而一些生态站需要委托外部检测机构进行部分或全部观测项目的分析测试。针对这种情况，各生态站需要严格考察委托实验室资质或该实验室是否对所有检测项目的检测过程采取质控措施，并且通过插入盲样、平行样等方式进行数据检验和质量监督，以保证检测数据的质量。

（1）对委托测试实验室的要求

1）委托测试实验室应首先选择具有"实验室认可证书"或"实验室资质认定（计量认证）证书"的实验室。

这类实验室都严格按《实验室资质认定评审准则》（国认实函[2006]141 号）中 19 个管理及技术要求建立了质量管理体系，分析测试数据的质量受实验室质量管理体系的控制，检测的准确性有一定的保障。

2）如果委托没有"实验室认可证书"或"实验室资质认定（计量认证）证书"的实验室进行观测项目测定，必须从以下几个方面考察该实验室的质控措施。

① 实验室质量管理体系：确认该实验室是否有一套完整的质量管理体系，如管理手册（或规定）、作业指导书（与自己实验室条件相适应的每一台仪器或项目的操作步骤）、完善的数据记录等。实验室是否有记录证实该体系的有效运行。

② 检测方法：是否有能力按生态站要求的检测方法进行检测。

③ 仪器设备：所用仪器设备（如天平、定氮仪、热值仪、ICP-AES 等）是否经有资质的检定单位按规程进行检定或自行校准。并确认这些仪器设备在检定或校准的有效期内使用，两次检定或校准之间应有期间核查记录。确认仪器设备故障修复后是否有准确性验证记录。

④ 在每个检测项目的检测过程中是否有质量控制措施。如：标准样品及参比样品检测、加标回收率试验、平行样测定、比对试验或质量控制图等。

（2）委托测试前明确样品处置要求

根据样品检测项目明确样品前处理、测试时间及检测期间样品保存要求，做好样品处置和备份。具体样品处置参见本章"6.2.1.2"中样品处置的质控措施。

1）根据委托测试项目要求准备充足测样量及样品备份。

2）对样品进行编号，最简单方式编号并确保与原始样品号对应，样品编号简单清晰不易丢失。

3）在委托测试样品中随机插入标准物质（含委托检测项目标准值，与委托样品同一类型，如植物或土壤），与样品统一编号。方式：可插入多个不同含量值标样和同一标样插入多个，以便后期检验测试的准确度和精密度。

4）根据需要抽取几个样品分成若干重复样随机插入委托测试样品中，与样品统一编号，以便后期检验测试的准确度。

5）委托测样前可根据之前年份的样品检测的值域范围对样品做简单描述，以便确定最适称样量，标准工作曲线等，例如施 N 肥土壤的土壤有效 N 检测，可以将高 N 样品与低 N 样品区分开，并附上说明，确保实验室接收委托后根据样品值域及经验调整标准曲线，以求数据更加精确。

6）有特殊要求需要说明清楚，比如微生物样品存储条件和可检测的时间，确保样品在运输和待测期间的处置符合质控要求；是否需要测试过程插入空白样以及要求委托机构插入标样等。

7）备份样品及剩余样品处理也需要提前计划及说明，以便于问题样重新测定。

（3）委托测样结果获得后，对检测结果进行检查

首先检查数据是否完整，是否有漏测样；其次，如有插入的标样、盲样或平行样数据，检查这些样品检测数据与标准值的符合程度，是否在可接受范围之内；然后检查是否有离群值或异常值，对委托测样结果进行初步分析评价，如果不在可接受范围之内，需要联系被委托实验机构重新测定或者更换检测机构。

参考文献

[1] 林启美，李贵同，林杉. 1999. 土壤微生物和生物性质分析[C]//鲁如坤. 土壤农业化学分析方法. 北京：中国农业科技出版社，228-233.

[2] 林先贵. 2010. 土壤微生物研究原理与方法[M]. 北京：高等教育出版社.

[3] 王洪媛，江晓路，管华诗，牟海津. 2004. 微生物生态学一种新研究方法——T-RFLP 技术[J]. 微生物学通报，31(6): 90-94.

[4] 吴冬秀，韦文珊，张淑敏. 2007. 陆地生态系统生物观测规范[M]. 北京：中国环境科学出版社.

[5] 吴金水，林启美，黄巧云，等. 2006. 土壤微生物生物量测定方法及其应用[M]. 北京：气象出版社.

[6] 吴愉萍. 2009. 基于磷脂脂肪酸（PLFA）分析技术的土壤微生物群落结构多样性的研究[D]. 浙江大学.

[7] GB 6682—92.分析实验室用水规格和试验方法 [S]. 中华人民共和国国家标准.

[8]　GB/T 15481—2000.检测和校准实验室能力的通用要求 [S].中华人民共和国国家标准.

[9]　GB/T 4091—2001.常规控制图 [S]. 中华人民共和国国家标准.

[10]　GB/T 4886—2002.带警戒限的均值控制图 [S]．中华人民共和国国家标准.

[11]　JJG196—2006.中华人民共和国国家计量检定规程-常用玻璃量器 [S]. 中华人民共和国国家标准.

[12]　BOSSIO D A, SCOW K M. 1998. Impacts of carbon and flooding on soil microbial communities: phospholipid fatty acid profiles and substrate utilization patterns [J]. Microbial Ecology, 35:265-278.

[13]　BROOKES P C，LANDMAN A，PRUDEN G，et al. 1985. Chloroform fumigation and the release of soil nitrogen：a rapid direct extraction method to measure microbial biomass nitrogen in soil [J]. Soil Biology and Biochemistry，17：837-842.

[14]　GOBERNA M，INSAM H，PASCUAL J A，et al. 2005. Storage effects on the community level physiological profiles of Mediterranean forest soils [J]. Soil Biology and Biochemistry，37：173-178.

[15]　WU J，JOERGENSEN R，POMMERENING B，et al. 1990. Measurement of soil microbial biomass C by fumigation-extraction-An automated procedure [J]. Soil Biology and Biochemistry，22：1167-1169.

[16]　WU Y，DING N，WANG G，et al. 2009. Effects of different soil weights，storage times and extraction methods on soil phospholipid fatty acid analyses [J]. Geoderma，150：171-178.

7 生物观测数据整理与填报[*]

数据整理与填报是指从数据原始记录信息的检查与补充、数据录入、数据表转换、对应数据填写、派生数据计算、数据检查，到上报与返修的整个过程（图 7-1），是影响数据质量的重要环节。在这个环节中，数据检查者在时间上与空间上离数据源最近，发现问题可以及时补救，是仅次于数据获取的关键环节。因此，做好数据整理和填报环节的质量控制工作至关重要。生态站内部应该建立多级数据检查和监督制度，使问题数据能够得到及时发现，及时采取相应补救措施。数据整理与填报环节的所有工作过程都需要有完整的记录，记录内容包括：工作流程、参与人员、时间、方法、工作内容、发现问题及处理等。本章按照数据整理与填报过程中重要环节的先后顺序对其质量控制措施进行介绍。

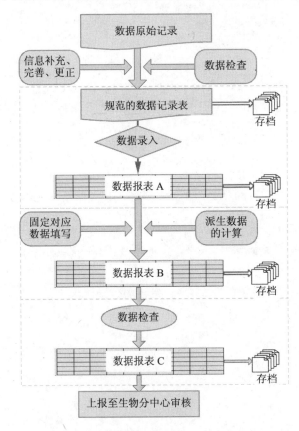

图 7-1　数据整理与填报环节的工作流程

* 编写：韦文珊，吴冬秀（中国科学院植物研究所）。
　审稿：陈佐忠（中国科学院植物研究所），武兰芳（中国科学院地理科学与资源研究所）。

7.1 原始记录的信息检查与补充

原始数据记录是 CERN 长期观测最重要的资料。数据记录时，为了提高效率，往往只记录观测数据，有时会使用一些简称、略语和俗称等，难免会出错。因此，需要及时对原始记录的相关信息进行补充、完善，并对记录的数据和相关辅助信息进行及时检查，定期整理成册，归档管理，需要重点注意以下几点：

（1）记录过程中检查

每测定完一组数据（或调查完一个样方），测定人和记录人共同复核数据，发现问题及时纠正。在实验室数据记录过程中，特别是在室内称样时，记录人和测定人尽可能同时确认样品的编号与记录数据的编号相一致，如果发现问题，及时安排返测、补测。

（2）原始记录的信息补充与完善

一般要求在当天完成观测后，测定人和记录人共同对原始记录表的信息进行补充和完善，主要内容包括：调查与分析人员信息、调查与分析方法等各项辅助信息的完善、指代信息明确、数据记录完善、相关情况说明的填写等。完成后，测定人和记录人分别在数据记录本上签字。注意以下情况的填写与说明：

1）采用法定计量单位，数据保留 1 位估读数字，分析数据的小数位数不能多于该分析方法检出限的小数位数；

2）数据表中的空白表示没有完成观测，需要在备注中予以说明；

3）观测值为"0"时应填写"0"，而不能留空白；

4）没有观测到相应指标的现象（如某种物候特征），应该注明"未观察到某种现象"，而不能留空白；

5）室内分析结果无论好坏，均应详细记录，分析结果不好的应及时总结分析，查找原因，并在原始记录上注明；

6）缺失和低于检测限的数据，应予以明确说明，不能只留空白，不作说明；

7）样地环境要素需要完整记录，如果由于不可抗拒的因素，样地发生了改变或调整，必须说明理由并按照《陆地生态系统生物观测规范》要求重新提供完整的样地背景信息。

（3）原始记录更正规则

原始数据记录不能随便删改，如果数据确实有误，那么将原有数据轻画横线标记（保持原数据清晰可辨），并把正确数据记录在原数据旁或在备注栏中记录，并由数据修正人员签名或者盖章。

（4）原始记录检查

观测当天或某项观测任务完成后，生态站生物观测负责人会同观测人和记录人检查原始记录数据是否规范、完整，各项辅助信息是否完整、明确。完成后，参与检查的人员在数据记录本上签字。

（5）归档管理与备份

原始记录经过检查后，在记录本上编好页码，按调查内容和时间顺序依次排列、订制成本，交给有关负责人存档管理。为了保证原始数据的安全保管，最好进行异地多备份保存。

7.2 数据录入与数据表转换

数据录入是将原始纸质记录数据录入计算机，形成电子版原始记录的过程，电子版原始记录形成后，需要转换成数据报表形式，此即数据表转换。目前，生态站一般将纸质原始记录表的数据直接录入数据报表，或者先录入计算机，经过一定计算或转换后填入数据报表，这不利于原始记录表的电子版存档，也不利于数据回溯检查。为此，生物分中心设计了"CERN 生物数据填报与审核系统"，该系统包含数据表转换功能，编程实现以后，可将电子版原始记录表自动转换为数据报表。目前的数据录入仍然是直接录入数据报表，在录入过程中需要注意以下几点：

（1）数据报表格式

务必采用生物分中心当年发放的数据报表，并严格按照数据表的格式要求和文件命名规则进行数据填报。数据报表有时会有小的调整，因此为了保证数据报表的规范性，务必使用最新发放的数据报表。另外，需要特别注意的是，不能对生物分中心下发文件中各个数据报表的结构、字段名称和单位、各数据表排列顺序等设置进行任何改动，如果因为特殊原因，确实需要增加栏目，可放在备注栏后面。

（2）数据及时录入和备份保存

原始记录要尽早录入计算机，将数据转换成电子文本，对电子表格设置安全保护并定期多点、多介质备份保存，避免出现一些不可预测的因素造成数据损失。

（3）数据录入的质控措施

采取必要的质控措施避免录入错误，并及时检查录入数据与原始记录的对应性。可以采取双录入法等措施避免录入错误，数据观测或分析人员要参与录入，以保证在观测真实情况与记录数据之间出现差异时，真实情况可以及时再现。数据记录员完成数据录入后，由调查或分析人员对录入的数据进行自查，检查原始记录表与电子版数据表的对应性。

（4）有效数字计算修约规则

在数据计算和转换过程中，会涉及有效数字修约的问题，有效数字修约的原则是先运算后修约。数字修约按照国家标准《数字修约规则》GB 8170—1987 进行。

1）几个数字相加、相减的和或差的小数点后保留位数与各数中小数点后位数最少者相同；

2）几个数字相乘、相除的积或商的有效数字位数与各数中有效数字位数最少者相同；

3）进行对数运算时，对数的有效数字位数与真数相同；

4）进行平方、开方、立方运算时，计算结果的有效数字位数与原数相同；

5）常数 e、π 等的有效数字的位数是无限的，根据需要取其位数；

6）计算测定结果的平均值，当测定次数为 4 或 4 以上并呈正态分布时，其有效数字的位数可比原数多 1 位；

7）在记录和计算中，当有效数字位数确定后，其余数字应该按修约规则一律舍去。

7.3 固定对应数据填写与派生数据计算

生物观测数据报表中，部分字段之间具有固定对应关系，如植物种中文名与拉丁名、样地代码与样地名称、样地类别之间。部分数据是由原始观测数据派生而来，如自然生态系统的群落特征指标很多是由样方物种组成调查数据派生的，这个环节很容易出错，从而影响数据质量。为了解决这个问题，生物分中心于 2009—2010 年对 CERN 生物数据报表中的各种固定对应信息进行了全面审核，并在此基础上设计开发了嵌入固定信息模块的"CERN 生物数据填报与审核系统"，实现了固定对应信息的自动生成和派生数据的自动计算等功能。该系统已于 2011 年 1 月发给生态站使用，提高了该环节的工作效率，降低了出错率。

7.4 数据检查

生态站每年在上报数据前，应从生物观测负责人→数据管理员→观测主管→生态站站长各个层次进行多级数据检查，以保证数据的质量。检查的内容主要包括：

（1）原始记录与工作记录的完整性检查

原始记录与工作记录的完整性是数据完整性和辅助信息完整性的基本保证，通过审核各种记录文档，可以追溯数据的误差来源。检查内容包括：

1）观测数据记录：需要完整、明确；

2）样地环境要素记录：对长期采样地环境条件、管理方式的详细记录，如果样地有变更，还需要有新增样地的自然地理背景、母质、土壤类型等方面的完整背景信息；

3）观测方法与过程记录：对野外观测与采样人、时间、地点、环境条件、样方设计、观测/采样方法等信息进行详细检查；

4）室内样品分析方法与过程记录：对室内样品分析人、时间、地点、分析测试条件、测试方法、质量控制措施等信息进行详细检查；

5）数据处理过程记录：对数据从原始数据到最终报表数据全过程以及数据转换步骤中的操作人员、时间、方法等信息进行检查；

6）仪器检定记录：对记录的仪器检定时间、检定单位和检定方法等信息进行检查。

（2）数据值及格式的正确性、完整性检查

注意数值与字段的对应性，检查数据单位是否正确，数据列是否有错位，如果与记录单位不一致，要按照数据表中的单位要求对数据进行换算。

（3）原始记录与数据报表的对应性检查

报表数据来源于原始数据记录，在完成报表数据录入以后，需要对原始记录与数据报表的对应性进行检查。

（4）数值范围和逻辑检查

首先，在已经完成的表格中目视检查有无无效数据、缺失数据和错误数据，然后再对一项或一系列项目进行范围和逻辑检查，检查出可能有错误的数据。

（5）数据的一致性和可比性检查

1）检查分析方法、数据格式和计量单位的一致性。

2）检查时间一致性。同一观测样地、同一观测项目不同年份的数据是否具有可比性（是否定位、各年份间数据的波动是否合理、数据是否有背景说明）。

3）检查空间一致性。规范填写样地背景信息记录表，包括所有观测样地的四个角位和中心点的 GPS 定位坐标，样地代码和名称按照 CERN 的统一要求进行填写。

（6）数据缺失或异常情况说明报告

根据数据观测、采样时记录的样地背景信息、分析测试报告和标样、平行样测定记录文档，给出数据缺失或异常情况详细的说明以及原因分析。缺失数据应在数据备注中说明是何种原因引起的缺失（表 7-1）。

表 7-1　数据缺失或异常情况说明报告

数据表代码	数据表名称	缺失数据内容	对缺失数据的原因说明	异常数据内容	对异常数据的原因说明	审核日期	审核人	备注

7.5 数据上报与复核

数据报表经过生态站内部多级检查后，可以按照生物分中心的要求整理完备的文件上报。数据上报前，需要再次通览准备上报的各类文件，将各个表单的数据进行适当地整理，在整理文件时，注意文件命名规则和文件的完整性以及以下情况：

（1）数据单位、数据格式是否正确？是否有异常数值？数据中的各种符号是否统一等。

（2）各观测项信息是否填写完整，是否有错误（如单元格下拉造成的错误）。

（3）数据表中是否有无关的空白数据行、标记行等，有则予以删除。

（4）数据中是否包含文件链接和统计公式，有则予以去掉。

（5）撤消窗口冻结、拆分、自动筛选、单元格边框设置等设置。

（6）统一字体、字号，并按照字段填写要求对单元格格式进行统一。

（7）按照一定的顺序进行数据排序——可按调查时间为主、样方号为辅进行排序，如有关农药施用/灌溉/室内分析的数据表，可按照"施用/灌溉/分析"时间来排列。

（8）归整各个数据表单原有的排列顺序。

数据文件经过再次检查后，即可上报生物分中心。CERN 目前主要通过电子邮件上报，生物分中心收到数据后会即时告知数据收到信息，并进行数据审核。在生物分中心进行数据审核的过程中，发现存有疑问的数据，返回给生态站复核。除了年度数据审核外，生物分中心还会不定期对往年数据进行复审，此外数据使用者有时也会发现一些数据问题。因此，生态站对数据的复核与修正是一个持续的过程。需要说明的是，任何疑问数据的修正必须非常慎重，必须有充分的依据，而且需要有详细的记录，以保证数据的真实性。

8 生物观测数据审核[*]

生物观测数据审核是指对野外观测与采样、室内样品分析和数据处理等环节是否符合观测标准和技术规范的检查，使观测数据的获取过程得到有效监控，确保观测数据的准确、可靠。为了保证生物观测数据的质量，不仅需要对数据采集过程进行严格质控，还需要对数据进行及时、有效的审核，以便及时发现异常数据并采取补救措施，保障观测数据质量。

CERN 生物观测数据在入库共享前，需要经过生态站、生物分中心、综合中心的三级审核，其中还有数据的修正过程（图 8-1）。本章分别对生态站、生物分中心和综合中心的数据审核进行介绍。

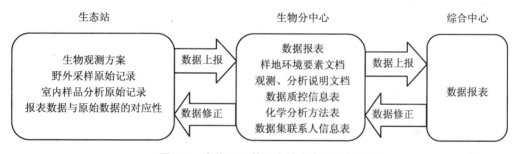

图 8-1　生物观测数据审核内容和审核流程

8.1 生态站数据审核

8.1.1 审核人员

生态站生物观测数据审核工作由生态站站长和主管长期观测工作的副站长负责，生物观测负责人、室内样品分析负责人和数据管理员为其核心成员，所有观测人员全员参与。数据审核人员需要具备较强的工作责任心，并具备全面的生物观测理论和实践知识，熟悉各种观测技术规范，熟悉质量控制的内容、程序和方法，熟悉各个项目的分析方法、原理、检出限和样品保存技术，掌握各分析项目、方法的干扰因子及影响条件，掌握各个项目的分析结果的合理范围，善于发现存在的问题，特别是异常数据，并能查找原因，解决问题。

---

* 编写：宋创业，邓云（中国科学院西双版纳热带植物园），郭学兵（中国科学院地理科学与资源研究所），韦文珊，吴冬秀，颜绍馗（中国科学院沈阳应用生态研究所）。
　审稿：梁银丽（中国科学院水利部水土保持研究所），潘庆民。
　注：未注明者系中国科学院植物研究所。

8.1.2 审核流程

生物观测工作开始前，主管长期观测的副站长制定年度生物观测方案，站长负责审核，通过后交生物观测负责人执行。在野外观测和室内分析过程中，生物观测负责人和室内分析负责人随时对观测过程的落实和数据记录情况进行检查，发现问题要及时纠正或补测，年终再集中审核相关记录的完整性、真实性。数据录入数据表后，由生物观测负责人、室内样品分析负责人、数据管理员循环检查数据表与原始记录的对应性、格式正确性、数据合理性和信息完整性等。最后，交由生态站站长和（或）主管长期观测工作的副站长做最终审核，审核通过后，数据可以上报至生物分中心。所有审核过程都要有详细的工作记录，所有数据转换过程文件和审核工作记录都需要及时整理归档。

8.1.3 审核时效性

生态站是生物观测数据的生产者，处在数据质量控制的前端。生态站的数据审核工作对数据质量控制有着至关重要的影响。很多生物观测指标的数据收集具有较为严格的时间限制，如植物物候期、作物生育期等，错过观测时间节点，就很难修正数据中存在的问题。因此，生物观测人员和数据质量管理人员应该在观测现场或者观测当天对数据进行及时检查，以便及时发现数据中存在的问题，并进行重新观测，在数据生产的源头控制观测数据的质量。

8.1.4 审核内容

观测数据生产过程包含四个主要环节：制定观测方案、野外观测与采样、室内样品分析和数据处理与上报。观测方案是进行数据生产的前提条件，在观测方案的指导下进行野外观测与采样工作，获取野外观测与采样原始记录。完成野外采样工作后，样品需要进行室内分析，获取室内样品分析原始记录，最后进行数据处理与上报，获得最终的报表数据。因此，与观测数据生产的主要环节相对应，数据审核的内容主要包括四大类，即观测方案、野外观测与采样原始记录、室内样品分析原始记录和数据报表（图8-2）。

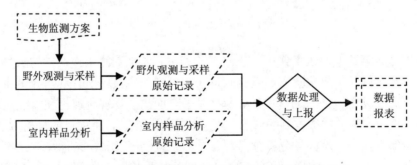

图 8-2 观测数据生产的主要环节及其对应的数据文件

（1）生物观测方案

审核的内容包括：是否包括当年所有的观测任务、观测频度和时间是否合理、观测方法和操作是否符合要求、野外采样与室内样品分析流程是否明晰、关键质量管理环节的人员职责是否明确、能否得到落实等。

（2）观测与采样原始记录

观测与采样原始记录不仅仅指在野外进行观测和采样时产生的数据记录，还包括其他的辅助信息的记录，如观测人、观测时间和观测方法等。观测与采样的原始数据记录应主要关注如下内容：观测项目记录是否全面，数据是否完整，是否有异常值，数据是否有涂改现象，如果有涂改，是否有说明。对于辅助信息记录内容，应主要审核如下信息是否完整：观测人、观测时间、观测地点名称、观测方法描述、观测仪器名称与型号、仪器设置、观测时环境描述、主要步骤、质控措施、异常事件记录等。其中"观测方法描述"包括观测总体布置、各观测点描述、观测工具、观测方法名称、样方重复数、采样数量、样地保护措施等。"观测时环境描述"包括天气状况、植物生长状况、水分状况等。"质控措施"指数据获取过程中数据质量控制的各项措施和控制方法。

（3）室内样品分析原始记录

室内样品分析原始记录包括两部分，一是室内样品分析产生的原始数据记录，二是相关的辅助信息，如分析人、分析方法等。对于室内样品分析产生的原始数据记录，应主要关注如下内容：数据是否完整、是否有异常值、结果有效数字是否符合要求、是否符合观测规范的规定和要求等。对于辅助信息的审核，主要关注以下内容是否完整：分析人、分析项目、分析方法名称和引用文献、称样量、称样重复数、仪器名称与型号、仪器设置、仪器校准、关键步骤、室内样品分析过程中产生的中间数据等。对于室内样品分析中关键步骤的记录应给予特别重视，如标准溶液的配制及检验、空白分析、标准曲线、平行样、加标回收等。

（4）数据报表

数据报表中的数据来源于原始数据记录，由于数据报表中的数据基本上依靠人工录入，而在人工录入的过程中容易产生一些错误，导致数据报表中的数据和原始数据记录中的数据不一致。因此，在数据审核过程中，应该对数据报表中的数据和原始数据记录的对应性进行重点审核，并根据本站历年数据情况和相关知识规则，对数据的合理性、关联性进行检查，这方面，各生态站需要不断积累相关规则，丰富审核方法。

8.1.5 审核方法

生物观测项目较多且大多依靠人工观测与记录，数据量较大，经常需要多人分工协作方能完成。数据自采集开始，均经过数据获取及口头报送—纸质记录—电子版录入三个环节，每个环节之间的转化都有可能由于测量误差、地方口音、个人字迹等因素产生一些问题。由于数据量较大，如果在所有数据全部转化为电子版后再统一进行质控，已经耽误了最好的现场复核时间。因此，生物观测数据的审核应该考虑在观测过程中对数据质量进行实时审核，让接触数据的每个人都有发现错误的能力，在误差产生的源头上对数据进行质控。本节以森林站的数据审核为例，介绍生态站的数据审核方法。

1）野外调查环节：将历史调查数据（一般为上一调查年度）直接打印于调查表上，生物观测人员在野外便能够非常直观地比较本次调查数据与上次调查数据之间的差异，并及时在备注中进行说明。

2）室内录入环节：在电子表格中设置一系列的简单公式进行实时审核，对往年已有个体，侧重于录入结果与往年结果的再次比对；对当年新增个体，侧重于对胸径范围（一般应略高于起测胸径）和物种名规范性的复核。在此环节中发现的问题数据将被挑出，第一时间安排人员对观测数据进行野外二次核查。

3）后期质控：对乔木每木调查数据，最直观的方法是使用树高—胸径曲线对数据进行审核，对凋落物和叶面积指数数据，建议采用多年数据连续作图的方法进行审核。因为有些物种繁殖存在大小年，简单的阈值判断可能只适用于对正常年份的数据进行评价，但繁殖大年时的凋落物产量及组成有可能会和往年有较大不同。

另外，数据审核人员的素质对数据审核工作的成效至关重要。因此，要求生态站审核人员不仅要熟悉全套观测流程及质控手段，还应在工作中详细总结前人的经验，并结合近年相关观测技术的发展趋势，将所有的操作进行非常明确和细致的规范并文本化，保证生态站数据质量能够不随着人员变动而下降，确保任何人只要按照规范逐步执行，就能保持一个较高的质控水平。

此外，生态站可以采用统计学方法等进行数据审核，如异常值检测，具体内容可以参考本章 8.2.3 节的内容。

8.2 生物分中心数据审核

8.2.1 审核人员

生物分中心的数据审核工作由生物分中心主任总体负责，全体工作人员参与。对于数据审核人员的专业知识要求可参见本章 8.1.1 节。

8.2.2 审核流程

生物分中心实行初审—复审—终审三轮数据审核制。生态站上报至生物分中心的数据，首先由审核员进行初审，在初审阶段，如果发现疑问数据，则返给生态站返修。所有问题排除后，交换审核人员，进入二轮审核，如果没有发现疑问数据，直接进入二轮审核。在二轮审核阶段，如果发现疑问数据，则再次发给生态站返修，所有问题排除后，发给生物分中心主任进行终审，如果二审没有发现疑问数据，则直接进入终审。在终审阶段，生物分中心主任对各站数据以及前两轮数据审核工作进行最终审核，并与所有审核员一起对各生态站数据进行评价和评分。最后，把经过审核的数据发给 CERN 综合中心。所有审核过程要有详细的工作记录，所有数据过程文件和审核工作记录都需要及时整理归档。

8.2.3 审核内容

生物分中心审核的对象是生态站上报至生物分中心的数据报表。数据报表不仅包括野外观测数据和室内样品分析数据，还包括样地环境要素说明文档，观测、分析说明文档，数据质控信息表，室内样品分析方法表，数据联系人信息表等辅助信息。因此，对数据报表的审核包括对野外观测数据的审核和辅助信息审核两方面的内容。

（1）观测数据

观测数据的审核是数据审核的核心，主要审核数据内容、数据格式是否正确。

1）数据格式审核

数据格式主要审核数据类型、数据的有效数字、缺失和低于检出限数据的表示方法以及有效数字计算是否符合要求。

2）数据内容审核

数据内容的审核主要考察是否完成当年规定的观测任务、观测和取样方法是否符合观测规范的要求、观测是否严格按照观测规范规定的时间来进行、室内样品分析数据是否达到准确度要求、数值范围是否在阈值范围之内等。

① 任务完成情况：规定观测指标是否完成、观测样地数是否符合规范要求、观测频次是否足够、采样重复数是否符合规范要求等。

② 方法规范性：野外观测、取样方法和室内样品分析方法是否符合观测规范的要求。

③ 观测时间准确性：由于有些指标随时间变化，比如叶面积指数的观测时间，物候的观测时间等，需要严格按照观测规范规定的时间进行观测，以保证数据的准确性和可比性。

④ 室内样品分析数据准确性：在观测大年，生物分中心会给生态站发放标样和盲样，通过盲样分析结果的准确性状况，可检测生态站室内样品分析数据的准确性。

⑤ 数据的合理性：数据是否在合理阈值范围、数据之间是否相互一致、是否矛盾。

⑥ 数据表之间的对应性：不同表单之间的数据是否完全对应，如森林站数据表的每木调查数据表（Fa01）与种群组成数据表（Fa03）、群落特征数据表（Fa04）的数据是否完全对应。

（2）辅助信息审核内容

辅助信息的内容是否完整，与观测数据有关的信息是否完好对应。

8.2.4　审核方法

生物观测数据类型多样，且数值变异较大，因此生物观测数据的审核具有较大的难度。生物分中心汇总了历年的工作经验，并总结出一些数据审核的方法，如与历史观测数据对比、根据数据阈值判断数据是否合理、数据之间的关系以及异常值检测等统计学方法等。

8.2.4.1　与历史观测数据对比

建立生物观测动态数据库，即按地点进行整理，同一地点按时间先后逐次列出全部观测结果，找出其最高值、最低值及其出现的日期，分析观测结果的变化规律。将新的观测结果加入到动态数据库中，使动态数据库得到不断的充实和完善。每批观测数据出来后，审核人员可与动态数据库中的历年数据进行比较，一是看单个数据是否处于正常状态，二是看均值是否处于正常状态，三是看数据是否符合观测结果的变化规律，如发现异常值必须查找原因，进行重点审核。

8.2.4.2　数据阈值范围

部分生物观测指标的值都具有一定范围或者参考值，如作物养分含量（表8-1），如果观测值严重偏离这个范围，那么这个观测数据很有可能是异常数据。

表 8-1　作物养分含量平均值

作物名称	果实			茎叶		
	N/（g/kg）	P/（g/kg）	K/（g/kg）	N/（g/kg）	P/（g/kg）	K/（g/kg）
水稻	12.12	3.00	3.70	7.73	1.30	18.04
玉米	14.65	3.17	5.28	7.48	4.12	12.66
小麦	21.60	3.70	4.25	5.65	0.67	12.80
棉花	39.20	6.28	9.21	11.67	2.45	17.31
油菜	39.66	6.79	12.36	7.82	1.49	15.06
大豆	62.72	6.36	17.13	12.89	1.73	12.87
花生	41.82	3.05	7.23	13.43	1.27	8.41
豌豆	43.77	4.10	11.00	14.00	1.53	4.15
大麦	20.16	2.87	8.38	4.79	1.03	10.99
高粱	13.26	3.85	3.97	4.36	1.70	12.06
谷子	14.56	2.67	5.92	5.95	0.68	17.18
荞麦	11.00	1.80	2.30	8.50	3.10	18.10
蚕豆	39.59	5.34	11.00	41.60	1.00	11.02
红豆	58.50	14.50	25.00	11.95	8.10	4.95
红薯	6.71	2.64	5.96	14.53	2.96	13.33
马铃薯	11.67	1.81	12.59	9.87	0.86	6.68
芝麻	30.28	6.68	5.02	3.86	1.07	21.07
烤烟	26.34	1.84	18.49	16.26	2.86	27.14
甘蔗	2.21	0.48	2.95	0.61	0.81	4.70

引自：中国肥料信息网, http://www.natesc.gov.cn.

8.2.4.3　数据之间的关系

各个生物观测指标之间不是孤立的，他们之间存在着较为密切的联系，利用数据之间的关联，可以对数据进行审核。下面举两个例子予以说明：

对于物候期观测数据，正常的物候期应符合下面的规律，芽开放期＜展叶期＜开花始期＜开花盛期＜果实或种子成熟期＜叶秋季变色期＜落叶期，如果物候期数据与上述规律矛盾，那么数据则可能存在问题。

对于植物群落地下生物量，通常是随着深度增加，根生物量减少，如果某个地下生物量数据不符合这个规律，数据可能有问题。

类似于上述的数据之间的关联在生物观测数据中大量存在，利用这种数据之间的关联，可以发现数据存在的问题，有效地实现对数据的审核。但是，需要说明的是，在利用指标之间的关系进行数据审核的时候需要注意一些特殊情况：如有的植物的开花始期早于展叶期。所以，在数据审核的时候需要具体问题具体分析。

8.2.4.4　异常值检测

异常值是指样本中明显偏离所属样本其他值的数值。这种异常值和样本中其他观测值属于同一总体。异常值可能产生于观测、计算、记录中的失误，所考察样本中诸观测值（或经过一定的函数变换后得到的值），除了个别异常值外，其余数值来自同一正态总体或近似正态总体。

部分生物观测指标的值变异较小，如作物的元素含量、植物群落各层优势植物和凋落物的元素含量与能值，可以通过统计学的分析方法判断某个值是否属于异常值，实现对数据的审核。本节主要介绍三种异常值判断方法：格拉布斯（Grubbs）法（张德然，2003；国家质量监督检验检疫总局，2008；孙向东等，2009）、狄克逊（Dixon）检验法（毋红军，刘章，2003；国家质量监督检验检疫总局，2008）和基于数据云的离群数据检测法（颜绍馗等，2011）。

（1）格拉布斯（Grubbs）法

1）理论基础

格拉布斯法通常用于小样本统计数据，适用于未知标准差情形下正态总体异常值判断。计算过程简述如下：

设重复测量的次数为 n，重复测量的测量值为 X_i（$i = 1, 2, \cdots, n$），检验 X_i 是否为异常值的格拉布斯法的计算过程如下：

a）X_i 按照升序排列成顺序统计量，即：

$$X_1 \leqslant X_2 \leqslant \cdots X_n$$

b）计算格拉布斯统计量，包括下侧格拉布斯数 G_1 以及上侧格拉布斯数 G_n：

$$G_1 = \frac{\overline{X} - X_1}{S}, \; G_n = \frac{X_n - \overline{X}}{S}$$

式中，$\overline{X}$，S 分别为 n 次重复测量的观测数据算术平均值和标准差。

$$\overline{X} = \frac{1}{n}\sum_{i=1}^{n} X_i, \; S = \sqrt{\frac{1}{n}\sum_{i=1}^{n}(X_i - \overline{X})^2}$$

c）显著性水平 α（一般取 0.05 或者 0.01），由 α 和 n（n 为样本数），查表 8-2 得到格拉布斯准则数 $G(n, \alpha)$。

d）判断：若 $G_1 \geqslant G(n, \alpha)$，则 X_1 为异常值，予以剔除；若 $G_n \geqslant G(n, \alpha)$，则 X_n 为异常值，予以剔除。

e）剔除异常值重复上述步骤，直到不存在异常值为止。

表 8-2 格拉布斯法准则临界值 $G(n, \alpha)$

n / α	3	4	5	6	7	8	9	10	11	12	13	14	15
0.05	1.15	1.46	1.67	1.82	1.94	2.03	2.11	2.18	2.23	2.28	2.33	2.37	2.41
0.01	1.16	1.49	1.75	1.94	2.10	2.22	2.32	2.41	2.48	2.55	2.61	2.66	2.70

n / α	16	17	18	19	20	21	22	23	24	25	30	35	40
0.05	2.44	2.48	2.50	2.53	2.56	2.58	2.60	2.62	2.64	2.66	2.74	2.81	2.87
0.01	2.75	2.78	2.82	2.85	2.88	2.91	2.94	2.96	2.99	3.01	3.10	3.18	3.24

2）应用举例

数据来源：常熟站 2010 年水稻籽粒全氮含量（g/kg），见表 8-3。

表 8-3　常熟站水稻籽粒全氮含量数据

序号	采样部位	全氮/（g/kg）	序号	采样部位	全氮/（g/kg）
1	籽粒	3.43	13	籽粒	7.11
2	籽粒	9.17	14	籽粒	6.93
3	籽粒	10.35	15	籽粒	8.30
4	籽粒	7.00	16	籽粒	8.27
5	籽粒	5.83	17	籽粒	6.63
6	籽粒	7.02	18	籽粒	5.64
7	籽粒	5.28	19	籽粒	7.40
8	籽粒	3.94	20	籽粒	7.32
9	籽粒	5.16	21	籽粒	8.17
10	籽粒	5.64	22	籽粒	4.56
11	籽粒	6.41	23	籽粒	9.92
12	籽粒	6.18	24	籽粒	8.93

a）排列数据：将上述测量数据按从小到大的顺序排列，得到（3.43、3.94、4.56、5.16、5.28、5.64、5.64、5.83、6.18、6.41、6.63、6.93、7、7.02、7.11、7.32、7.4、8.17、8.27、8.3、8.93、9.17、9.92、10.35）。可以肯定，可疑值不是最小值就是最大值。

b）计算平均值 $\overline{X}$ 和标准差 S：$\overline{X}$ =6.86；标准差 S=1.747。计算时，必须将所有 24 个数据全部包含在内。

c）计算偏离值：平均值与最小值之差为 6.86－3.43＝3.43；最大值与平均值之差为 10.35 －6.86＝3.49。

d）确定一个可疑值：比较起来，最大值与平均值之差 3.49 大于平均值与最小值之差 3.43，较为接近，难以判断谁是异常值。

e）计算 G_i 值：$G_i＝（X_i－\overline{X}）/S$；其中 i 是可疑值的排列序号 1 号和 24 号；

$G_1＝（\overline{X}－X_1）/S＝（6.86－3.43）/1.747＝1.963$。

$G_{24}＝（X_{24}－\overline{X}）/S＝（10.35－6.86）/1.747＝1.997$。

由于 $\overline{X}－X_1$（下侧情形）或者 $X_{24}－\overline{X}$（上侧情形）是残差，而 S 是标准差，因而可认为 G_1 和 G_{24} 是残差与标准差的比值。下面要把计算值 G_i 与格拉布斯表给出的临界值 G_n 比较，如果计算的 G_i 值大于表中的临界值 G_n，则能判断该测量数据是异常值，可以剔除。但是要提醒，临界值 G_n 与两个参数有关：检出水平 α（与置信概率 p 有关）和测量次数 n（与自由度 f 有关）。

f）定检出水平 α：如果要求严格，检出水平 α 可以定得小一些，例如定 α＝0.01，那么置信概率 p＝1－α＝0.99；如果要求不严格，α 可以定得大一些，例如定 α＝0.10，即 p＝0.90；通常定 α＝0.05，p＝0.95。

g）查格拉布斯表获得临界值：根据选定的 p 值（此处为 0.95）和测量次数 n（此处为 24），查格拉布斯表，横竖相交得临界值 $G_{95（24）}$＝2.64。

h）比较计算值 G_i 和临界值 $G_{95（24）}$：G_1＝1.963，G_{24}＝1.997，$G_{95（24）}$＝2.64，G_1＜G_{24} ＜$G_{95（24）}$。

i）判断是否为异常值：因为 G_1＜G_{24}＜$G_{95（24）}$，可以判断测量值 3.43 和 10.35 不是异

常值。

j）余下数据考虑：本例中上侧情形和下侧情形的数据均不是异常值，那么中间的 22 个数据也不是异常值，对于剩余数据不需要进行统计分析。

如果检测结果中有异常值，那么剩余的数据再按以上步骤计算，如果计算的 $G_i >$ $G_{95(24)}$，仍然是异常值；如果 $G_i < G_{95(24)}$，不是异常值。

（2）狄克逊（Dixon）检验法

1）理论基础

将 X_j（j=1，2，3，…，n）按它们的大小，从小到大的顺序排列，设为 $X_1 \leq X_2 \leq \cdots \leq X_n$ 即 X_1 最小，X_n 最大。采用这一方法，不必计算算术平均值 $\overline{X}$ 和标准偏差。而是根据 n 数目的不同，计算出相应的值。表 8-4 为狄克逊检验法的临界值 r（0.05，n）。

表 8-4 狄克逊检验法临界值 r（0.05，n）

n	3	4	5	6	7	8
r	0.941	0.765	0.642	0.560	0.507	0.554
n	9	10	11	12	13	
r	0.512	0.477	0.576	0.546	0.521	

当 $3 \leq n \leq 7$ 时：$r_大 = \dfrac{X_n - X_{n-1}}{X_n - X_1}$ 或 $r_小 = \dfrac{X_2 - X_1}{X_n - X_1}$

当 $8 \leq n \leq 12$ 时：$r_大 = \dfrac{X_n - X_{n-1}}{X_n - X_2}$ 或 $r_小 = \dfrac{X_2 - X_1}{X_{n-1} - X_1}$

当 $n \geq 13$ 时：$r_大 = \dfrac{X_n - X_{n-2}}{X_n - X_3}$ 或 $r_小 = \dfrac{X_3 - X_1}{X_{n-2} - X_1}$

将计算求得的 $r_大$、$r_小$ 分别与表 8-4 查得的 r（0.05，n）进行比较：

如果 $r_大$（或 $r_小$）$> r$（0.05，n），则最大（或者最小）的试验数为异常值，不可信；

如果 $r_大$（或 $r_小$）$< r$（0.05，n），则最大（或者最小）的试验数不是异常值，可信；

2）应用举例

数据来源：常熟站 2010 年水稻籽粒全氮含量（g/kg），见表 8-3。

计算过程：

a）排列数据：将上述测量数据按从小到大的顺序排列，得到（3.43、3.94、4.56、5.16、5.28、5.64、5.64、5.83、6.18、6.41、6.63、6.93、7、7.02、7.11、7.32、7.4、8.17、8.27、8.3、8.93、9.17、9.92、10.35）。

b）本例中 n 值为 24，选择 $n \geq 13$ 时的公式进行计算。

$$r_大 = \frac{X_n - X_{n-2}}{X_n - X_3} = （10.35 - 9.17）/（10.35 - 4.56）= 0.203$$

$$r_小 = \frac{X_3 - X_1}{X_{n-2} - X_1} = （4.56 - 3.43）/（9.17 - 3.43）= 0.197$$

c）查表可知 $r_大$ 和 $r_小$ 的值均小于 0.521，所以最小数据 3.43 和最大数据 10.35 均不是异常值。

（3）基于数据云的离群值检测

1）理论基础

观测数据集未经质控前，实体数据（信息或样本）通常包括3类：正常数据（N）、错误型数据（E，本书主要针对逻辑错误）和离群数据（O）。离群数据（O类数据）还能再分为4类：A类：完全可以接受并应用；S类：可以接受，但其合理性需做出解释说明；U类：不可以接受；D类：暂时无法确定，需延期做出决定。

对于离群数据，可根据数据云的形状和数据点的位置来判定某个数据是否是离群值，当数据点到数据云中心的距离超过某种分布规定的临界值时被诊断为离群数据。正常数据由于源于同一生态过程，总是围绕数据云的中心点做适度的伸展（遵循某一分布）。但是，生态过程非常复杂，有时主要生态过程还会伴随着次级生态过程，甚至伴随着三级生态过程，依此类推，可能出现多级别的生态过程。另外，当数据结构存在多个外部过程时，也会出现数据多级现象，整个数据集在数据结构上表现为多个总体（这里指属于同一数据源的全部实体）的混合。针对这些数据现象，本节按照同一来源进行数据的可靠性分级，即源于同一过程的数据（属于同一个总体）划分为同一级别，规定正常数据的可靠性为100%，其可疑级别为0级，其他数据的可疑级别按照下述方法确定：在分级系统中，当源于主要生态过程的数据点从数据云中分离出来后，剩下的离群数据重新形成新的数据云，当数据点到新数据云的中心超过某种分布规定的临界值时被再次诊断为离群数据，而规定门限外的数据则称为一级可疑数据（在数据结构上，全部正常数据被分开作为第1个正态总体，全部1级可疑数据为第2个正态总体），依此类推，可分出二级可疑数据、三级可疑数据等，逐级分离直到所有的离群数据属于同一分布为止（图8-3）。当数据结构出现多次分离后，生态学的次生过程、数据来源的外部过程将按照各自的相似性分组成不同类别。同组数据属于同一总体，具有共同的特征，因此数据生产者和数据管理人员只需对每组数据的特征进行简单识别，即可迅速对离群数据的来源做出判定。

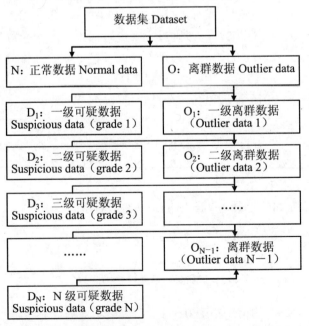

图8-3 离群数据的识别过程和数据可靠性的分级

数据云的形状和大小可以用协方差矩阵来定量；Mahalanobi 距离由协方差矩阵计算得来，其可以测量数据点到数据云中心的距离；Mahalanobi 距离的平方服从卡方分布，只要规定卡方分布的临界距离即可识别离群值。

2）应用举例

a）数据来源

数据来源包括 2 个：1）中国科学院会同森林生态实验站（会同站）2008 年收集的综合观测场杉木（*Cunninghamia lanceolata*）人工林生长数据，样地代码为 HTFZH01ABC_01，数据集为 FA01；2）中国科学院西双版纳热带雨林生态系统研究站（版纳站）2008 年收集的综合观测场天然林乔木生长数据，样地代码为 BNFZH01ABC_01。

b）逻辑错误型数据检测

会同亚热带杉木人工林：按照 CERN 生物观测规范，人工林每年调查一次，本节使用 2007 年调查数据为参照，识别观测中断数据和胸径可疑数据。由于以下原因，本节忽视了树高逻辑错误的检查：2007 年树高测量使用目测和杆测，2008 年使用树高测量仪，测量方法不一致；2008 年出现特大冰冻灾害，导致部分树木轻度断梢，只在数据质量控制表予以说明，却未在实体数据表中予以备注。按照表 8-5 中的判断依据，检测出观测中断数据 0 条，胸径逻辑错误数据 9 条，占整个观察记录数的 4.3%，其中，3 条有解释说明，为树木干枯导致胸径变小，可以接受为合格数据，因此可疑观察数为 6 条。

西双版纳热带雨林：同一树号，如果 2008 年的胸径或树高数据小于 2005 年相应记录，即当树的生长出现负值时，判断为逻辑错误。2008 年版纳站综合观测场 FA01 数据集中，检出逻辑错误的记录数 61 条（表 8-5），占整个数据集记录数的 1.76%。但其中 23 条添加有备注说明，作为合格数据处理，38 条未能作出合理解释，作为可疑观察数据处理。

表 8-5　BNFZHABC_01 FA01 数据集中发生逻辑错误的观察数和已作出相应解释说明的记录数（以 2005 年历史数据为参照）

逻辑错误数据类别	发生数	解释数	判断依据
生长监测中断	404	402	$D=0$ 或 $H=0$
树高错误	42	15	$H_{2005}>H_{2008}$
胸径错误	16	8	$D_{2005}>D_{2008}$
胸径树高全错	3	2	$H_{2005}>H_{2008}$, $D_{2005}>D_{2008}$

H: 树高；D: 胸径；H_{2005}: 2005 年树高数据；H_{2008}: 2008 年树高数据；D_{2005}: 2005 年胸径数据；D_{2008}: 2008 年胸径数据。

c）离群数据的检测

会同亚热带杉木人工林：会同杉木人工林综合观测场 FA01 数据集共记录 207 条数据，剔除逻辑错误记录以后，待检数据 198 条，数据云的形状（图 8-3）表明，数据云上下部位的松散程度一致，初步断定数据结构不存在次级现象。分离出的正常数据组（N）可反映主要生态过程，观察数占检测数据的 94.9%；分离出的一个可疑数据组（D₁）反映了外部过程，共 10 条记录，其中 9 条为断梢状树形，1 条为纤细树形（图 8-4），由于原数据集未能对这些异常数据作出合理解释，因此全部划分为 U 类，为可疑数据，不予接受。

版纳站综合观测场：FA01 数据集剔除上述（表 8-5）逻辑错误型数据以后，还有 2 987

棵树的记录。此时，胸径与树高表现为明显的线性关系，但二元空间上的数据云形状并不为椭圆形（反映正态分布），数据点在左下部高度集中，在右上部非常松散（图 8-4），可初步断定数据结构存在多级现象。使用 Filzmoser 法按照图 8-3 步骤逐次分离出 1 个正常数据组（N）和 4 个可疑数据组（D_1、D_2、D_3 和 D_4），由于胸径与树高的关系是对树的杆形的一种描述，可据此判断出 5 个数据组的来源。在全部检测数据中，N 组数据的观察数占86.7%，可断定该组数据反映主要生态过程，该组数据的胸径在 12 cm 以下、树高在 14 m以下，数据云的形状显示该组树的杆形服从正态分布，实际上该组为乔木亚层树的数据集合。D_1 组的观察数占全部检测数据的 11.4%，数据云的形状显示服从正态分布，根据其胸径和树高的取值范围，可查出该组全部属于乔木顶层树，反映次级生态过程，D_1 组数据应划为 A 类数据。D_2 组的观察数占全部检测数据的 1.6%，查阅数据生产者的备注说明，此组对应乔木亚层断梢类乔木，因此 D_2 组为断梢类树形。由于树木出现断梢，表现出来的树形异常，一般源于外力（如风力）作用，因此该组数据的来源反映外部过程。D_3 组共 7条记录，D_4 组共 2 条记录，D_3 组中的 4 棵树表现为乔木顶层断梢类树形，另外 3 棵树表现为藤本状的纤细树形，D_4 组中一棵树测量的胸径包含藤本在内，另一棵树显示树高高度异常。测树过程中，若树高过高，常导致纤细树形，若胸径过大，常出现断梢类树形。D_2、D_3、D_4 组数据无论是外部干扰导致树形异常（如风吹断梢），还是测量错误导致树形异常，都属于外部过程，应对数据来源做备注。无法对异常数据做出解释说明的记录应归入可疑观察处理。

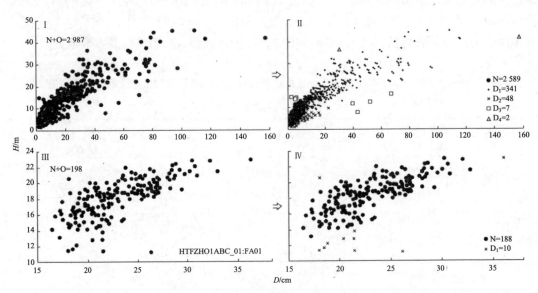

图 8-4　基于 BNFZH01ABC_01（I、II）和 HTFZH01ABC_01（III、IV）数据集的树高（*H*）和胸径（*D*）散点图（I、III）以及用 Filzmoser 稳健方法分离的相应离群组（II、IV）

8.3　综合中心数据审核

对分中心提交的各生态站的动态观测数据表，综合中心负责进行第三级质量检验与控制。为了完成数据的检验目标，综合中心制定了用于数据检验的一系列信息规范，这些信息规范是多层次、多角度的，而且是不断扩展与深化的，因此，随着信息检验规范的不断扩充与完善，信息质量控制的标准逐步提高，从而保证动态观测数据的质量不断提高。

8.3.1 审核人员

综合中心应安排专人进行数据审核工作，对于数据审核人员的专业知识要求可参见本章 8.1.1 节，另外综合中心数据审核人员还应具有一定的数据库、元数据等方面的专业知识。

8.3.2 数据审核内容

综合中心主要对数据信息的规范性进行审核，信息规范包括完整性规范、数据格式规范、数据内容基本检验规范和可视化图表分析检验规范等四个方面。

（1）完整性规范

是否完整提交年度 CERN 观测规范要求的观测指标的数据，提交的数据是否包括规定时间频度、时间范围和规定空间范围（所有生态站的所有生物观测样地）的数据，如有缺失，则不满足完整性规范。

（2）数据格式规范

数据格式规范是指提交的每张观测数据表表头是否符合 CERN 观测规范要求的表头，包括数据项的含义内容、记录计量单位、记录类型（数值或文本）、数据项的顺序是否与 CERN 观测规范要求的表头完全一致，如有不一致，则违反数据格式规范。

（3）数据内容基本规范

生物观测数据表共计 1 400 多数据项，其中，日期（年月日）、样地代码、物种名称等属于各张观测数据表的公共数据项，而且它们是各表间进行数据关联、数据查询的关键数据项，因此，对这些公共数据项的内容需要非常细致的检验，称为共性数据项的检验。

其他的数据项各表之间的差异性较大，数据检验规范各不相同，称为特性数据项的检验。

共性数据项的检验主要进行非空检验，如果这些数据项有空值，则本条记录属于无效记录；共性数据项还必须进行表间、年际间一致性检验，不允许共性数据项存在年际差异（如同一样地，年际之间不允许出现不一致的样地代码）。

共性数据项及特性数据项的检验主要根据各指标的物理学、生态学意义，逐个数据项规定检验规范，包括单列上的数据阈值范围的有效性检验，一类是数值型数据的有效范围（如植物叶片的碳含量的有效范围、年份数据的有效范围）检验，另一类是文本型数据的有效范围（比如作物名称的有效范围来自统一定义的小麦、玉米、棉花等，而不能出现冬小麦、夏玉米等说法）检验、单表中多列上的数据项间逻辑关系的检验（如乔木层植物种组成表中的地上部总干重等于树干干重、树枝干重、树叶干重、果（花）干重、树皮干重、气生根干重的总和）、日期的记录格式是否符合要求（物候期的记录格式是否为月/日/年的格式）。

（4）可视化图表分析检验规范

主要对数值型数据的指标，通过绘制各类统计图表，直观图示数值型数据的变化趋势及其变化范围，从而发现是否出现数据突变现象，判断异常数据。

8.3.3 审核方法

不同类型的信息规范采用不同的检验方法进行检验，通常完整性规范采用人工检查并结合计算机辅助检查的方式；同时，信息系统在数据质量控制方面发挥着重要的支撑作用，面对大量数据的处理与检验工作，信息系统可以大大提高数据检验的工作效率。

综合中心开发的数据校验系统的功能包括对用户选定的被检验的 Excel 文件，装载数据后将表头与观测规范数据表的表头进行对比和匹配，可检查出 Excel 文件是否符合数据格式规范；然后选定若干条规则（即依据上述的数据内容基本检验规范所配置的检验规则）开始检验该 Excel 文件，违反规则的数据记录将被以红色突出显示，同时可以将出错记录保存到 Excel 出错文件中待查。

可视化图表分析则以图示化的方式直观地表示出多个指标数据的时间变化趋势或者不同空间对象上单一指标数据的时间变化趋势，既可以进一步发现数据超界、数据缺失或数据突变问题，也可以了解数据变化的趋势。例如图 8-5 展示了 2009 年全年封丘站平均气温、最高气温、最低气温的日变化趋势图。

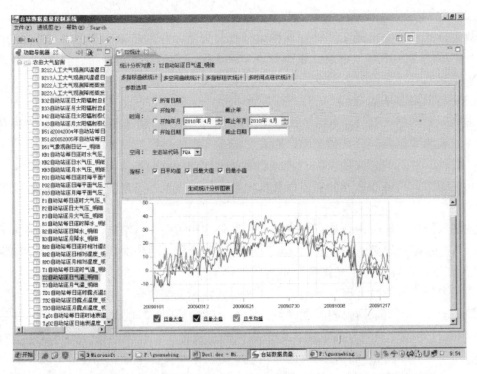

图 8-5　2009 年全年封丘站平均气温、最高气温、最低气温的日变化趋势图

对于检验发现的各类问题，综合中心都及时返回给分中心，要求分中心予以说明并尽快予以修正。

参考文献

[1] 北京农业大学《肥料手册》编写组. 1979. 肥料手册[M]. 北京：农业出版社.

[2] 国家质量监督检验检疫总局，国家标准化管理委员会. GB/T 4883—2008. 数据的统计处理和解释——正态样本的离群值的判断和处理[S]. 北京：中国标准出版社.

[3] 孙向东，沈朝建，刘拥军，等. 2009. 动物流行病学正态样本异常值的判断和处理[J]. 中国动物检疫，26（5）：67-68.

[4] 毋红军，刘章. 2003. 统计数据的异常值检验[J]. 华北水利水电学院学报，24（1）：69-72.

[5] 颜绍馗，吴冬秀，韦文珊，等. 2011. 一种新的生态监测数据质量评估方法——以 CERN 乔木生长数据为例[J]. 应用生态学报，22（4）：1067-1074.

[6] 张德然. 2003. 统计数据中异常值的检验方法[J]. 统计研究，5：53-55.

9 生物观测数据质量评价[*]

数据质量评价是指根据数据质量要求的维度体系，对数据质量进行定性或定量的度量和评述。数据作为一种特殊的产品，对于用户，质量评价信息有助于用户建立对数据的信心，决定数据的可用性；对于数据生产者，数据质量评价信息有利于检测其质量控制措施的有效性，并使数据质量控制趋于更加完善；对于管理者，数据质量评价信息可用于评价各质量管理机构的职责完成情况，以及整个质量管理体系的有效性，用于完善管理制度以及质量管理体系的持续改进。因此，数据质量评价无论对于数据用户还是数据生产者、管理者都具有非常重要的意义。

数据质量评价方法可以分为直接评价法和间接评价法（杜道生等，2000）。直接评价法是通过将数据集或者抽样数据与各项参考信息进行比较，最后统计得出数据质量结果；间接评价方法则是通过对各种数据质量影响因素的考察，推断数据质量。直接评价法直观，结果易于理解，但是，对于生物观测数据而言，很难获取各项参考信息，难以通过与参考信息的比较得到数据的质量评价结果。生物观测数据是经过很多环节而生产出的一种特殊产品，其质量的好坏受很多因子的影响，如人员素质（技能、工作态度）、管理水平、仪器设备的先进性、方法和技术专业性、流程合理性和单位信誉等。因此，除了从数据本身来评价数据质量外，生产过程中各种有关因素也能从某个角度间接反映数据质量。因此，数据质量评价通常采用直接评价法和间接评价法相结合的方式进行。

数据质量一般具有多个质量维度，因此评价数据质量时，必须分别从各个维度对数据质量进行全面评价，而且为了表述或比较的方便，还常常需要综合各维度的质量评价结果得到总体质量评价。前者称为单维度评价，后者称为综合评价。本章根据第 3 章提出的生物观测数据质量维度体系，对单维度质量评价和综合评价进行初步介绍。本章介绍的数据质量评价方法较为简单，随着相关研究的深入，数据质量评价的理论和方法会不断丰富和发展。

9.1 单维度评价

根据第 3 章的生物观测数据质量维度体系，数据本征质量维度包括：实用性、代表性、正确性、准确性、一致性、完整性、可比性和连续性，元数据质量维度包括元数据完整性和元数据简明性。虽然有些质量维度非常重要，但是很难基于数据进行度量和评价，如实

---

* 编写：宋创业，吴冬秀（中国科学院植物研究所）.
审稿：胡良霖（中国科学院计算机网络信息中心），黄建辉（中国科学院植物研究所）.

用性和代表性等。本节对部分数据质量维度评价方法进行介绍，相关内容主要基于多年工作经验积累和文献研究，还需要不断完善。

9.1.1 正确性

根据第 3 章的定义，正确性是指数据未出现明显的错误，包括数据的类型符合字段要求类型、数据的值未超出规定的值域范围、数据与其他字段数据之间的关系符合要求。根据多年生物观测数据审核的情况，数据正确性方面的问题可以归为以下三类：

（1）数据类型不符合数据报表的字段类型要求，如要求填写数值型的字段被填入了字符型数据；

（2）不合理数值，即数据取值不合乎常理，明显错误。

（3）数据逻辑错误，如植物群落物候期的果实成熟期早于花期等错误。

针对上述三类问题，本书以数据格式是否符合字段类型要求（X_1）、是否合理（X_2）和是否出现逻辑错误（X_3）等作为评价数据正确性的指标。这三类错误的检测采用计算机编程自动检测和人工检查相结合的方式进行判断。

基于上述情形，评价数据质量的正确性维度被分为三个指标，而这三个指标对数据正确性的影响不同，可以采用基于加权的缺陷扣分法对正确性进行评分，具体评价过程如下：

本书假设正确性评价的满分为 100 分，三个指标（X_1、X_2、X_3）的权重分别为 w_1、w_2、w_3，三个指标的缺陷扣分分别为 v_1、v_2、v_3，那么该数据集正确性评价的最后得分（S）：

$$S = (100 \times w_1 - v_1) + (100 \times w_2 - v_2) + (100 \times w_3 - v_3)$$

对于 v_1、v_2、v_3 的分值确定采用如下方法：假设待评价的数据集共 N 个数据记录，在 X_1、X_2、X_3 三个指标出现问题的数据记录数分别为 T_1、T_2、T_3，那么：

$$v_1 = (T_1 / N) \times 100 \times w_1$$

$$v_2 = (T_2 / N) \times 100 \times w_2$$

$$v_3 = (T_3 / N) \times 100 \times w_3$$

各指标的权重值（w_1、w_2、w_3）可以通过专家打分的方式来确定。

参照以上计算公式，可以定义单维度评分的一般性公式。首先，定义某单个维度的评分为 S，其评价指标为 X_i（$i=1, 2, 3, \cdots, n$），每个指标的权重为 w_i（$i=1, 2, 3, \cdots, n$），w_i 可以通过专家打分的方式来确定。每个指标的缺陷扣分为 v_i（$i=1, 2, 3, \cdots, n$），假设待评价的数据集共 N 个数据记录，X_i 指标出现问题的数据记录数为 T_i（$i=1, 2, 3, \cdots, n$），则该维度的评分公式可表述为：

$$v_i = (T_i / N) \times 100 \times w_i$$
$$S = (100 \times w_1 - v_1) + (100 \times w_2 - v_2) + \cdots + (100 \times w_n - v_n)$$

需要说明的是，在大部分的单维度质量评价中，缺陷扣分（v）无法采用问题数据所占比例的方式来确定，只能通过数据评价人员的主观判断确定。

9.1.2　准确性

准确性指实际测量值与真实值的符合程度。在现实中，由于真实值不容易获得，缺乏标准参考数据，从数据本身评价准确性比较困难，因此，对于准确性维度的评价主要采用间接评价与直接评价相结合的方式，即从人员素质、仪器设备、方法技术、过程管理、重复观测变异性、数据分布特征和异常值等方面对数据的准确性维度进行评价。对于室内分析数据，除了以上指标外，还可通过盲样分析数据的准确性以及实验室分析过程中的标准物质测试、平行样、标准曲线、空白值等结果评价室内分析数据的准确性。

（1）人员素质：观测分析人员的技能、工作态度是影响数据质量准确性最重要方面。

（2）观测规范：野外调查和采样、制样和分析过程是否严格遵守操作规范。

（3）仪器设备：仪器是获取数据的基础，是否采用权威的观测分析仪器以及仪器的精度是否达到要求是保证数据准确性的基本条件。

（4）方法技术：观测与分析方法技术的先进性、专业性是决定数据准确性的重要因素。

（5）过程管理：数据获取过程的质量控制措施是否得到严格执行直接影响数据质量。

（6）数据分布与异常值：数据分布特征和异常值情况可以作为准确性的一个判断指标，方法可参见第 8 章中介绍的异常值检测方法。

（7）重复观测变异性：对部分观测数据进行多次重复观测，是检测数据准确性的最直接、有效的方法，但成本比较高或者操作难度大，不易获得相关数据。

（8）盲样分析数据的准确性：每到观测大年，生物分中心会给生态站发放实为标准物质的盲样，要求生态站与植物样品同批分析，盲样分析数据准确性的检测可作为生态站室内分析数据准确性的重要评判依据。

（9）室内分析过程数据，包括以下几个方面：

a）标准物质测试：主要从标准物质测试精度是否符合要求、加标回收率是否达到技术规范规定的要求等方面评价数据的准确性和精密性。

b）平行样：平行样分析是数据准确性的有力保证，是否进行平行样分析，平行样的测定结果是否有较好的重复性和再现性是评价数据准确性的重要指标。

c）标准曲线：标准曲线精度是否符合要求。

d）空白值：空白值反映的是除待测物质外，其他各种综合因素对分析结果的影响。空白值的大小和分散度将直接影响分析方法的检出限和分析结果的准确性。所以在数据质量评价工作中应重视评价空白实验值的质量。

上述指标主要采用人工检测的方法进行评价。数据准确性维度评价同样采用基于加权的缺陷扣分法，计算可参照 9.1.1 中公式，但各指标缺陷扣分（v）无法采用具体的公式进行计算，只能通过数据评价人员的经验来判断。

9.1.3　一致性

一致性主要指同级数据之间符合一定的规律且不彼此矛盾，或者不同级数据之间能够相互呼应等。一致性评价，需要比较丰富的数据审核经验和专业知识的积累。数据一致性不好的质量问题往往与数据准确性密切相关。对于数据一致性的检测与评价可从以下几个方面进行：

（1）记录内部数据项之间的一致性：一行数据中不同字段数据之间的一致性，如地上部鲜重与地上部干重的关系是否在合理范围内。

（2）字段内部数据项之间的一致性：一列数据中不同数据项之间的一致性，如同一样地不同观测时间数据之间的关系是否合理。

（3）数据表之间共性字段的一致性，包括数据表与元数据信息的一致性。

此外，数据的一致性还包括年际间的数据一致性、不同生态站之间的一致性等方面，这些在评价多年数据时会考虑。对于单站的年度数据评价不涉及这些指标。对于评分办法可参照 9.1.1 中公式。

9.1.4 完整性

对于生物观测数据而言，数据的完整性主要指观测场地数量、观测项目数、采样重复数、观测频率、数据记录是否符合观测规范的要求。

（1）观测场数量：生物观测场分为主观测场、辅观测场和站区调查点。部分观测指标在三种观测场中均需要进行观测，部分指标只在主观测场中进行观测。

（2）观测项目数：每个年份均有观测指标要求，完成观测规范规定的所有观测项目是数据完整性的基本要求。

（3）采样重复数：生物观测规范对不同的观测指标的采样重复数均有具体规定，在实际操作中需要满足采样重复数要求。

（4）观测频率：部分观测指标需要在长时间序列（生长季）上持续观测，如物候、作物生育期等，生物观测规范对观测频率也有明确要求。

（5）数据记录：数据记录完整性是指每条记录中没有空白项，记录完整。

对于完整性评价同样采用基于加权的缺陷扣分法，评分办法可参照 9.1.1 中公式，各指标的 w 按照完成工作量占全部工作量的比例以及各个指标的重要性来综合确定，数据记录的 v 可以根据不完整数据记录的条数占所有数据记录的比例来确定。

9.1.5 可比性

可比性指同一个指标在不同时间（纵向）和不同空间之间（横向）具有相互比较的可能，对于数据可比性的评价从空间可比性、时间可比性和观测方法可比性三个方面进行评价。评价时，可以直接比较数据之间的关系是否符合相关规律，也可以从技术方法一致性对可比性进行间接评判。

（1）空间可比性：同一观测指标在不同样地上（同一台站）的观测数据是否可比，或者数据获取的时间、方法、手段、操作细节是否一致，包括野外观测方法和室内样品分析方法。

（2）时间可比性：同一样地同一观测项目不同时间的数据是否具有可比性（不同时间数据变化规律是否合理）。

（3）观测方法可比性：同一生态站在不同年度之间对某个观测指标采用的方法可比。

数据可比性主要依靠人工检测，评分方法同样采用基于加权的缺陷扣分法，计算公式可参照 9.1.1 中公式，但对于各指标缺陷扣分（v）的确定无法采用具体的公式进行计算，只能通过数据评价人员的经验判断来确定。

9.1.6 连续性

根据第 3 章的定义，连续性主要指同一位点数据在时间序列上的连续，其强调的是数据在时间序列上长期连贯性。主要从观测指标、观测场地和观测对象 3 个指标进行评价。

（1）观测指标稳定：同一指标的定期、长期观测。

（2）观测场地稳定：观测场地稳定持续存在，而且管理模式稳定。

（3）观测对象稳定：观测对象相对稳定，管理措施相对稳定。

对于观测指标、观测场地和观测对象 3 个指标的检测主要通过人工检查来完成，评价方法采用基于加权的缺陷扣分法，计算公式可参照 9.1.1 中公式，但对于各指标缺陷扣分（v）的确定无法采用具体的公式进行计算，只能通过数据评价人员的经验来判断。

9.1.7 元数据完整性

生物观测数据的元数据包括：样地背景信息、采样方法与室内分析方法信息、观测时间、地点、人员、环境条件等记录、数据质控方法信息、缺失值说明、数据质量评价、观测与质控人员信息、数据转换与更新日志等。对于元数据的完整性检测主要通过人工检查来完成，对于元数据完整性的评价同样可以通过基于加权的缺陷扣分法来完成，参照 9.1.1 中公式执行。

9.1.8 元数据简明性

元数据简明性主要指按照规范的要求，清楚、简明地记录各项元数据。简明性检测主要通过人工检查来完成，采用基于加权的缺陷扣分法对其进行评价，参照 9.1.1 中公式执行。

9.2 综合评价

由于数据集特征的多样性以及数据质量的多维度性，观测数据的质量综合评价难度较大。本节仅仅是基于单质量维度评价方面的思考，对生物观测数据综合评价做探索性描述。

综合评价可以在单维度评价的基础上，采用加权平均法获得。因此，单维度评价是综合评价的基础。根据 9.1 节的描述，正确性、准确性、一致性、完整性、可比性、连续性、元数据完整性、元数据简明性等 n 个质量维度的单维度评分分别用 S_1，S_2，S_3，$\cdots$，S_n 来表示。各个数据质量维度在整体数据质量中的重要性不尽相同，因此需要根据其重要性的大小，确定各个数据质量维度的权重值。权重值的赋值方法通过专家打分的方式来确定，假定其值分别为 α_1，α_2，α_3，$\cdots$，α_n。数据质量综合评价得分可以用下式表示：

$$S = S_1 \times \alpha_1 + S_2 \times \alpha_2 + S_3 \times \alpha_3 + \cdots + S_n \times \alpha_n$$

9.3 评价报告

数据质量评价报告是数据质量检查与评价过程、方法及结果的综合描述和评述，是数据集质量特性的综合反映（中国地质调查局，2006）。

　　数据质量报告由正文和数据质量评价表构成。数据质量评价报告正文应是质量评价过程、方法和结果的全面记录和描述，包括质量检查与评价的组织、数据集概况、检查方法、评价依据、评价过程、评价规则、质量评述、存在问题及结论等。数据质量评价表是数据质量综合特性统计表，是对数据产品及其组成部分质量特性的描述和反映。参考《地质数据质量检查与评价》，数据质量评价报告应包括报告名称、基本概况、数据质量检查和评价以及数据质量评述和结论等 4 个部分，具体如下：

　　（1）数据质量评价报告的名称

　　（2）基本概况

　　1）检查与评价的组织，相关机构与人员、时间、地点及形式等。

　　2）数据概况，任务来源、生产者、数据集范围（数量）、提交时间、数据格式等。

　　3）检查与评价依据。

　　（3）数据质量的检查与评价

　　1）数据检查方式与方法。

　　2）评价原则。

　　3）数据的检查与评价过程与步骤。

　　（4）数据质量评述与结论

　　1）评述，根据定量数据质量维度及其指标对数据质量进行的综合描述（包括存在问题）。

　　2）结论与建议，包括评分结果、等级和（或）合格与否等的结论与处理意见。

参考文献

[1]　杜道生，王占宏. 2000. 空间数据质量模型研究[J]. 中国图像图形学报，15（7）：559-562.

[2]　中国地质调查局. 2006. 地质数据质量检查与评价[R].

10 生物观测数据质量管理制度[*]

　　制度是要求大家共同遵守的一种或者一套办事规程或行动准则，用以约束个人或者集体的行为（Ostrom，1992）。制度是质量管理活动落实和质量管理体系有效运行的保障，任何质量管理，只有形成制度并文件化，才能使管理步入规范化，把管理落到实处，并有利于产品质量跟踪与督察。数据是一类特殊的"产品"，数据的质量也需要有完善的质量管理制度来保证。所以，制定规范的管理制度，完善质量管理制度体系是保证数据质量的关键措施。

　　中国生态系统研究网络（CERN）生物观测数据的生产是一个复杂的过程，人员、仪器设备以及数据生产过程中的每个环节都对数据质量有重要的影响。因此，全面审视生物观测数据生产过程，以影响数据质量的重要因素（如人员和仪器设备）和数据生产的各个环节为质量控制的主要对象，构建科学、合理、完备的数据质量管理制度体系，使数据生产的每个环节都有据可依，这对推进 CERN 生物观测数据的质量管理具有重要意义。本章以现代管理学理论为指导，以 CERN 多年数据质量管理积累的实践经验为基础，对 CERN 生物观测数据质量管理的制度体系进行阐述。

10.1 制度建设原则与制度框架体系

　　数据质量管理制度体系建设应遵循过程完整性和可操作性原则：

　　（1）过程完整性：生物观测数据的生产是一个复杂的过程，影响数据质量的因素/环节很多，因此，所有关键因素/环节都应建立质量管理制度，才能够对数据质量进行有效的控制。

　　（2）可操作性：可操作性是指将数据质量管理的目标、任务、要求和效果结合成为一个有机整体的程序化方法，是理论与实践相统一的桥梁。数据质量管理制度体系应规定具体的内容、要求和实施步骤，使制度便于实施和运作。

　　根据对数据质量产生较大影响的关键因素/环节的分析，本章把 CERN 生物观测数据质量管理制度体系分为人员管理制度、方法与流程管理制度、仪器设备管理制度、数据档案管理制度和督察考核制度五类（图 10-1），每个管理制度包含的内容简述如下：

　　（1）人员管理制度主要规范各个机构在人员配置、人员资质和人员培训等方面的管理措施。

---

[*] 编写：宋创业，付昀（中国科学院西双版纳热带植物园），韦文珊。

　审稿：梁银丽（中国科学院水利部水土保持研究所），何维明，潘庆民。

注：未注明者系中国科学院植物研究所。

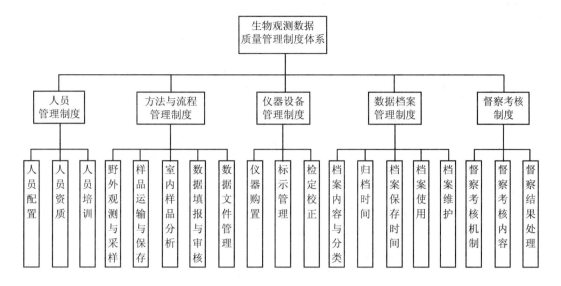

图 10-1 生物观测数据质量管理制度体系

（2）方法与流程管理制度规范各个生物观测环节所采用的观测方法与流程，如野外观测与采样、样品运输与保存、室内样品分析、数据填报与审核、数据文件管理等环节的技术方法与流程。

（3）仪器设备管理制度从仪器的购置、标识和管理、检定和校正等几个方面对仪器设备管理措施进行规范。

（4）数据档案管理制度从档案的分类、保存、维护等方面规范数据档案管理措施。

（5）督察考核制度主要指机构内部督察考核制度（内部督察）和机构之间的督察考核制度（外部督察），内部督察主要指生态站、分中心和综合中心对自己的督察，外部督察主要指分中心对生态站的督察、综合中心对分中心和生态站的督察，CERN 科学委员会和 CERN 领导小组对综合中心、分中心和生态站的督察等。

CERN 的每个组成机构需要根据其职能分工，基于 CERN 的整体制度框架制定适合于本单位的制度体系。

10.2 人员管理制度

人员管理制度主要规范生态站、生物分中心和综合中心在人员配置、人员资质、人员培训等方面的管理措施。本节对人员管理制度所包含的内容作概要介绍，各个质量控制机构均需制定符合自身需求的人员管理制度。

10.2.1 人员配置

根据观测工作各环节的工作性质和工作量的分析，配置足够的岗位。岗位设置应涵盖观测工作的各个关键环节，既有观测岗位，也有数据质量管理岗位，确保在样地管理、野外观测与采样、室内样品分析、数据填报与审核等数据生产和质量管理各个环节都有明确的责任人。明确规定每位工作人员的岗位职责，以及工作人员之间的协作关系，如生态站站长、副站长、观测负责人、质量管理人员、观测人员等人员之间的协作关系，生物分中心与综合中心的数据质量管理负责人（通常为中心主任）与数据审核人员和数据质量控制人员之间的协作关系。人员配置完成后，应通过有效的管理制度保持人员的相对稳定。

10.2.2　人员资质

明确生物观测人员与数据质量管理人员应具有与其工作岗位职责相关的专业技能，如野外观测人员应具有生态学或农学专业背景，熟悉 CERN 各项生物观测项目的技术方法和规范要求，熟悉相关仪器设备的使用与标定，通过了生物观测技术培训与考核。

10.2.3　人员培训

规范观测方法与技能培训的组织和安排，明确各个机构的培训时间安排，如综合中心和生物分中心的培训周期，生态站内部的培训时间等。规定培训的内容与范围，如野外观测与采样技术、室内样品分析技术、数据处理和统计分析等。明确培训的组织方式，如对培训主办方、承办方和协办方的要求等。明确参与培训的人员要求，如规定生态站的生物观测人员和质量管理人员必须参与培训。

10.3　方法与流程管理制度

生物观测由野外观测与采样、样品运输与保存、室内样品分析、数据填报与审核、数据管理等环节组成。观测方法与流程管理制度涉及各个质量管理机构，但是各个机构涉及的环节不同，对于生态站，数据生产环节是其主要的质量控制阶段，对于生物分中心和综合中心，数据审核是其关键质量控制阶段。因此，各个机构在制定方法与流程管理制度时侧重点不同。

10.3.1　野外观测与采样

（1）观测前准备

明确采样的人员安排及其各人的工作内容。明确观测与采样前准备工作的内容，如现场调查、采样日程安排、采样范围、采样数量和采样工具等。

（2）观测与采样

明确各个观测人员和数据质量控制人员在观测与采样过程中的职责，以及采样过程中所需要采取的质量控制措施。

（3）过程记录

明确观测与采样过程记录的内容，如观测时间、观测地点名称、观测人、观测方法描述、观测仪器名称与型号、观测时环境描述、主要步骤、质控措施和异常事件记录等。

（4）资料归档

在野外观测与采样过程中产生的各种记录和文档资料，要明确其管理规范，如资料归档负责人、保存地点和资料归档期限等。

10.3.2　样品的运输与保存

（1）运输

明确样品运输的负责人及其职责、样品烘干处理、包装与样品标记措施、样品在运输过程中的注意事项和样品交接注意事项。

（2）保存

对不同类型的样品，如植物叶、茎、根、种子等，明确其相应的样品制备方法。对不同类型的样品和不同保存期限的样品，应明确其保存的容器。明确样品标签应包含的内容，如样品名称、采样地点、采样时间、植物所处物候期、样品处理编号、采样人和样品制备人等信息。明确样品保存环境要求，如通风、干燥，或者保存在干燥皿中。

（3）样品室管理

明确样品室管理负责人的岗位职责。明确样品入库登记和入档的内容，如样品编号、样品名称、样品数量、样品处理方法、采样时间、采样地点、样品入档存放时间、样品分析项目和送样人等信息。明确样品出库登记内容，如样品领取时间、取样人，领取样品的种类、数量和编号等。明确样品室检查负责人、检查时间频率和检查内容。对于过期的样品，要明确其处理办法。严格规范样品室安全措施，如防火、防盗和湿度控制等方面的管理措施。

10.3.3　室内样品分析

（1）质量控制流程

明确质量控制流程，并确定各个环节中的负责人及其职责。明确重要的分析仪器、化学试剂等使用过程中的质量管理措施。明确分析数据的审核程序以及各个审核环节的负责人、审核内容，对有异议的测试结果，应规范数据复核、解释或者重新测定的程序。

（2）过程信息记录

明确在分析过程中的信息记录负责人以及记录的具体内容，如应记录样品号、分析人、分析项目、分析方法名称、称样量、称样重复数、仪器名称与型号、仪器设置、仪器校准信息、分析方法引用文献、关键步骤和分析过程中产生的中间数据等。还应规范实验记录要求、数据校正程序等。

（3）关键质量控制措施

明确需要采用的质量控制措施，如平行样分析、加标分析、空白实验和盲样分析等。

（4）突发事件处理

明确在分析测试受到干扰时，如停水、停电、停气和仪器发生故障时，需要采取的应急预案。

10.3.4　数据填报和审核

数据填报与审核涉及生态站、生物分中心和综合中心。生态站既要进行数据录入，又要进行数据原始记录审核以及报表数据审核，生物分中心与综合中心主要对报表数据进行审核。

（1）质量管理流程

明确质量管理流程，明确不同层次质量管理机构及质量管理人员在流程中的位置。明确各个质量管理机构和质量管理人员的岗位职责。

（2）数据原始记录的审核

明确野外观测和采样原始记录审核的负责人和审核的具体内容，如观测日期、时间、天气条件、样地、人员、观测方法和方案等。明确室内样品分析原始记录审核的负责人和审核的具体内容，如样品号、分析人、分析项目、分析方法名称、称样量、称样重复数、仪器名称与型号、仪器设置、仪器校准信息、分析方法引用文献、关键步骤和中间数据等。

（3）数据录入

明确数据录入的负责人，对数据录入过程中的质量控制措施要有明确的规定，如数据录入格式、数据录入的有效位数、缺失和低于检测限数据的表示方法、有效数字的修约规则、数据备份等。

（4）数据检验

明确数据检验措施，如阈值检查、历史数据对比、数据关联分析和异常值检验等。

（5）过程记录

明确在数据处理和审核过程中需要记录的内容，如数据录入人员、时间、数据处理措施和文件名称变更等。

10.3.5 数据文件管理

数据文件管理涉及生态站、生物分中心和综合中心，但是各个机构在数据文件管理中的管理对象不同，因此，各个机构在制定数据文件管理制度的时候侧重点不同。

（1）数据文件管理的对象和内容

制度应明确各个机构的数据文件管理对象，如生态站主要管理观测与采样、室内样品分析以及在数据填报过程中产生的原始记录和中间数据，分中心的数据文件管理对象主要是数据审核过程中产生的数据文件以及审核后的最终数据文件，而综合中心主要是在数据库层面的数据管理。

（2）数据文件管理的方法

明确数据保存的方法，如纸质版和电子版数据的保存、备份方法。明确各种不同数据文件保存的时间以及数据文件产生以后的归档时间要求。

（3）数据共享

CERN 已经制定了数据共享制度，明确了数据共享管理办法、数据共享方式和数据使用方法等，具体内容可查阅 CERN 网站：http：//www.cern.ac.cn。

10.4 仪器设备管理制度

制度应规范生态站、分中心和综合中心等机构的仪器设备的购置、标识和管理、检定和校正等方面行为。

10.4.1 购置

规范仪器设备采购申请、审批和购买等程序。明确采购申请应包含的内容，如仪器对观测工作的必要性及工作量预测分析，所购仪器设备的先进性和适用性，拟购仪器设备配套经费及购后每年所需的运行维修费情况，仪器设备管理人员的配备情况，使用环境及各项辅助设施的完备程度等。明确仪器设备购置的审批人以及审批时间期限。

10.4.2 标识和管理

制度应对仪器的标识分类与使用做出具体的规范，如分为"完好设备"、"停用设备"、"报废设备"和"科研用设备"4 类，每类标识中应有设备名称、设备编号、使用部门、维护人等信息。

10.4.3 检定和校正

对不同仪器的检定与校正要求做出具体规范，如有的仪器需要强制定期检定，有的仪器可以采用自行校准，对于需要强制定期检定的仪器需要规定具体的送检单位（一般应为法定计量技术机构或政府授权的计量技术机构），对于自行检定和校正仪器，需要对其检定和校正的机构或者个人的资质做出明确的要求与规定。

10.5 档案管理制度

档案管理制度涉及生态站、生物分中心和综合中心等机构，各机构都应制定档案管理制度。需要说明的是，本节中的档案主要指数据质量管理方面的档案文件，其他方面的档案如科研、财务等方面的档案不在此列。

（1）档案内容和分类

明确各个机构档案的内容和分类，如人员的培训和考核档案、观测规范与方法、质量管理制度、观测场地文档、工作过程记录文档、样品保存文档、仪器档案、实验室档案和数据处理文档等。

（2）归档时间

明确不同档案文件的归档期限，涉及保密内容的文件应随时形成，随时归档。

（3）档案保存时间

不同的档案具有不同的保存价值，不同价值的档案保存时间也不一样，所以档案管理制度应明确不同档案的保存时间。

（4）档案的使用

明确档案使用中的申请、登记、批准等环节的管理措施，保证档案在使用过程中不会受到损坏、篡改，甚至遗失。

（5）档案维护

明确档案日常维护措施，如档案室须配备防盗、防火、防潮、防污染、防虫和防鼠等安全设施，并保持适当的温度、湿度，存放声像等特殊载体档案的装具，应当配备防磁化设施。

10.6 督察考核制度

CERN 于 2000 年颁布了《中国生态系统研究网络考核与评估办法》，详细规定了 CERN 对生态站、分中心和综合中心的年度考评及综合考评的考核内容和考核方式，具体内容可查阅 CERN 网站：http：//www.cern.ac.cn。本节的督察考核制度主要指生态站、生物分中心和综合中心内部的日常督察考核（内部督察）以及三个机构之间的日常督察考核（外部督察）。

10.6.1 内部督察考核

（1）督察考核机制

明确各个机构的人员在督察体系中的职责以及人员之间相互监督关系，如对于生态站，应明确站长、副站长、生物观测负责人、生物观测数据质量管理人员和观测人员在生态站督察体系中的职责以及相互之间的监督关系。对于分中心和综合中心，应明确中心数据质量负责人（通常为中心主任）与数据质量控制人员的职责及其之间的监督关系。

（2）督察考核内容

明确督察内容，如对于生态站，监督内容应包括样地管理、野外观测与采样、样品管理、室内样品分析过程、数据填报和审核过程、档案管理等。对于生物分中心和综合中心，监督内容应主要为数据审核等质量控制工作。

（3）督察结果的处理

制度应明确在监督过程中发现问题的处理办法。

10.6.2 外部督察考核

（1）督察考核机制

明确 CERN 领导小组、综合中心、生物分中心和生态站在督察体系中的地位和作用，明确各个机构之间的相互监督关系。

（2）督察考核内容

明确对各个机构的监督内容，如对于生态站，监督内容应包括样地管理、观测数据生产过程、人员配置、实验室、档案管理等方面工作。对于生物分中心和综合中心主要监督其数据质量管理状况以及对生态站的技术支撑作用。

（3）督察考核结果的处理

明确在督察过程中发现问题的处理办法，明确督察结果在 CERN 综合评估中的作用。

最后，值得重视的是，督察考核制度是数据质量管理制度体系中至关重要的一环，完善的督察制度是各项质量控制措施得以顺利实施的保证。通过严密、有效地监督，才能够不断发现数据质量管理体系中存在的问题，推动数据质量管理体系的持续改进，不断提升数据质量。

参考文献

[1] 生态站长期观测质量管理手册（内部资料），2010.

[2] Ostrom V. 1992. 制度分析与发展的反思[M]. 王诚，等，译. 北京：商务印书馆.

[3] http：//www.cern.ac.cn.